U0338078

环境经营会计

（原书第二版）

[日]国部克彦 伊坪德宏 水口刚 著

葛建华 吴 绮 译

中国政法大学出版社

2014·北京

著译者介绍

著者介绍

国部克彦（Katsuhiko Kokubu） **第 1~3、12 章**

现职：神户大学大学院经营学研究科教授，博士（经营学）。

简历：1990 年，大阪市立大学大学院经营学研究科博士课程毕业。历任大阪市立大学商学部助教，神户大学经营学部助教，2001 年起担任现职。1994 年、2005 年作为访问学者访问了伦敦经济学院（London School of Economics），2001 年访问了阿德莱德大学（University of Adelaide）。从 1995 年起任社会和环境会计国际研究中心国际会员（圣安德鲁斯大学）［Center for Social and Environmental Accounting Research（University of St Andrews）International Associate］至今。2012 年接受北京理工大学珠海学院客座教授称号。曾受日本经济产业省委托担任"物质流成本会计开发·普及事业委员会"委员长，亲自参与了日东电工、田边制药公司、多喜龙和佳能等公司的材料流动成本会计的导入活动。历任日本环境省"环境会计指南修订委员会"和"环境报告书指南修订委员会"委员等。2008 年担任 ISO/TC207/WG8 议长。

近期主持日本环境省环境研究综合推进会课题:"包含亚洲地区在内低碳型供应链的构筑与制度化研究"(2011~2013)。该课题以日本与中国等亚洲地区国家为对象,对各国制造业供应链的情况进行调查研究。课题成果在帮助企业了解如何实施环境经营的同时,也向相关政府机构提供政策建议,为环境会计国际标准化的进一步开发起着积极的促进作用。

主要著作:《社会と環境の会計学》(中央经济社 1999 年版);《環境会計(修订版)》(新世社 2001 年版);《マテリアルフローコスト会计——環境管理会計の革新的手法(第 2 版)》(合著,日本经济新闻出版社 2008 年版);《環境経営意思决定を支援する会計システム》(编著,中央经济社 2011 年版)。

伊坪德宏 (Norihiro Itsubo)   第 4~7 章

现职:东京都市大学环境情报学部环境情报学科准教授,博士(工学)。

简历:1998 年,东京大学大学院工学系研究科博士课程毕业。历任(社)产业环境管理协会 LCA 开发推进部开发课研究员,(独)产业技术综合研究所 LCA 研究中心研究员、LCA 方法研究组组长,2005 年 4 月起担任现职。

主要著作:《ライフサイクル環境影響評価手法——LIME-LCA,環境会計,環境効率のための評価手法・データベース》(合编著,产业环境管理协会 2005 年版);《LCA 概論》(合著,产业环境管理协会 2007 年版);《LIME 2——意思决定を支援する環境影響評価手法》(合编著,产业环境管理协会 2010 年版);《ローカーボンライフ!——温室効果ガスを"知って","習慣を変える"ための82データ》（监译，オーム社2010年版）。

水口刚（Takeshi Mizuguchi）　　　　第8～11章

现职：高崎经济大学经济学部教授，博士（经营学）。

简历：1984年，筑波大学第三学群社会工学类毕业。历任日绵股份有限公司，英和监查法人，高崎经济大学经济学部专任讲师等，2008年起担任现职。还曾担任中央环境审议会"有关环境与金融专门委员会"委员，受经济产业省委托担任"材料流动成本会计开发普及事业委员会"委员，担任环境省"环境会计指南修订委员会"委员，日本公认会计师协会"环境会计专门部会"部会长。

主要著作：《ソーシャル・インベストメントとは何か——投資と社会の新しい関係》（合著，日本经济评论社1998年版）；《企業評価のための環境会計》（中央经济社2002年版）；《社会を変える会計と投資》（岩波书店2005年版）；《社会的責任投資（SRI）の基礎知識》（日本规格协会2005年版）；《環境と金融・投資の潮流》（编著，中央经济社2011年版）。

译者介绍

葛建华　女，经济学博士，中国政法大学商学院副教授，日本神户大学访问学者。在《财贸经济》、《日本学刊》、《商业经济与管理》、《新视野》、《流通情报》（日）等国内外学术期刊上发表论文30多篇。

主要研究方向：环境经营与可持续发展、循环经济、零售管理等。

吴　绮　女，日本神户大学大学院经营学研究科研究员，同研究科博士在读。2012～2014 年担任神户大学大学院经营学研究科学术推进研究员，主要致力于辅助日本环境省环境综合推进费"包含亚洲地区在内低碳型供应链的构筑与制度化研究"的研究项目。

主要研究方向：外部环境管理会计、综合报告。

序
言

一

日本神户大学国部克彦教授著述的《环境经营会计》（日本有斐阁 2012 年第 2 版）一书，由中国政法大学商学院葛建华教授完成翻译。作者邀我作序，我很愿意接受，不仅由于自己对环境会计问题有心得体会，还因为我与国部教授是好朋友。2007 年夏季，国部教授率队来北大访问，那时在一起研讨环境管理会计问题，我们发现之前已有共同的缘分：英国教授罗伯特·格瑞（Robert Gray）和简·贝宾顿（Jan Bebbington）合著的《环境会计》（*Accounting for the Environment*）一书，我们曾经各自领衔翻译为日文和中文，分别在日本、中国出版，并都是由此而开始关注和研究环境会计问题。

企业是社会经济活动的细胞，从资源的开采到产品生产、使用和废弃的全过程，都与企业的生产经营活动密切关联，日益严峻的全球环境问题同样也与企业经营活动中的资源利用、污染物排放和废弃物处理等有着直接的因果关系。正因为如此，21 世纪以来，环境经营已上升为许多国际企业的经营战略，成为企业履行社会责任、与利益相关者沟通、吸引社会投资的重要战略。

面对这些变化，中国企业应该如何行动？

企业环境经营的本质，是在企业经营活动中将环境与经济联系起来，而如何核算其短期的、长远的经济价值和环境价值，是每个企业必然关注的问题。本书通过会计系统将企业经营活动中的环境问题和经济价值连结起来，阐述了环境经营的基本理念及其与企业社会责任、资本市场的关系，在对环境经营的会计核算方法进行全面说明的同时，也清晰描述了这些方法的国际发展动态，对相关问题进行了深入讨论。

本书主要讨论了环境管理会计、外部环境会计以及财务会计与环境问题的基本内容，详细说明了环境管理会计的主要方法——物质流成本会计，并从物量单位与货币金额单位角度，详细说明了产品层面的环境影响的计量、测定和评价方法，如生命周期评价、生命周期成本、环境效率与因子、环境影响综合评价等，旨在核算出环境经营在企业和产品层面所带来的经济价值与环境价值。这些信息披露既可以反映企业环境经营的绩效和生产经营改善，也可以促进企业与利益相关者的积极沟通，推动企业的可持续发展。

环境经营及其会计核算具有普遍性，书中所阐述的内容和方法虽然还在发展完善中，但已成为国际通行的方法，有的已建立了相关国际标准，因而也是我国企业在国际化过程中需要加强的内容。

国部克彦教授是日本环境管理会计的领军人物，也是该领域国际学术界的知名学者，在环境会计理论与实践方面都有很深造诣。本书内容既注重基础又兼顾学术前沿，既注重理论也关注现实案例，每种方法都结合企业具体实践进行了解读，很适合研究者和企业人士阅读；该书体系完整，书中每章的要点、思考题和参考文献等，为教师引导学生学习提供了路径，是不可多得的环境会计教材。

二

会计属于关注微观机构经济核算的学科，但是环境会计分支比较特别，不但对微观经济活动中的环境要素、后果加以核算、评价，而且构成宏观层面核算绿色 GDP、开展环境经济评价的计量基础。

从微观会计视角，对于宏观统计中的无效 GDP，可以表达为环境成本和社会成本之和。鉴于社会成本的认识难度，对无效 GDP 的识别、计量、核算，可以先从环境性内容即环境成本启动。

事实上，即使是环境成本，同样也存在很大的识别难度。对此，从认识论角度，难以一步到位，应该秉持从易到难、循序渐进的不断逼近原则。就是说，先实现对可识别的无效 GDP 的识别、计量、核算，同时推进专题性研究，逐渐将越来越多的难以识别部分予以纳入。

在现行微观会计信息体系内，从各种支出记录中对环境性支出加以识别和分离，会计操作并不是很困难，抽取出来组成专门的"环境成本"数据模块，完全能够做到。

在现实社会经济中，鉴于环境成本信息已经掩藏在微观会计系统中，得到确认、记录和报告，从现行会计体系识别环境成本，可以对各种成本费用中所包含的环境性质成本重新归类，并以会计报表形式予以汇总，进而对微观"环境成本"数据模块进行汇总，形成"环境成本数据流"。

应该说，微观会计核算领域中对资源、环境因素的计量，已经经历了不同的发展阶段。环境会计在世界上已经被提出并引起广泛重视,在发达国家也已进入会计实务,问题是还不完整,而且对其还缺少共识,更缺少规范。

顺便提到一点,由环境保护部支持、中国会计学会环境会计专业委员会和环境保护部环境规划院共同组织编写的《环境会计》一书,已经完稿并正在出版中。从这个意义上说,国部教授著述的《环境经营会计》一书在中国出版,正当其时,必定有利于推动两国学者在这个领域的合作。

北京大学光华管理学院

2014 年 5 月 10 日

中文版序

　　人类从步入 21 世纪起至今已有十多年了，地球环境问题及其状态也发生了改变。重要的是，在 20 世纪 90 年代建立的国际框架及其基准已无法充分发挥功能，相关问题的解决在国家层面的行政策略上也遇到了瓶颈。同时，世界范围内的经济不景气、金融危机的深刻化与地球环境问题的相互叠加，也越来越成为世界经济可持续发展的重大问题，正在引起更多人的关注。

　　在本书中，我们构想了除保护环境外，更要解决在当今的国际形势下如何克服经济危机，设定可持续发展的环境经营的目标。地球环境问题与经济存在着无法分割的联系，若不将两者同时纳入视野，问题就无法解决。要实现环境与经济的双赢会涉及各个领域，但最基本、也最重要的是进行经济活动的组织——企业。在企业活动中，若能取得环境与经济的双赢，两者就能在整个经济系统中达到自然协调的状态。环境经营的意义就在于追求环境友好的企业经营，因此我们大力倡导把环境经营作为企业战略之一的重要理由也在于此。

　　在企业的经营活动中，环境会计作为将环境与经营结合的有力工具，近年来发展迅速。本书主要关注在企业经营实践中能使环境与经济双赢的会计方法，对环境经营的基本思考方法和具体工具进行了系统的阐述。书中关于环境经营的各种方法，是环境经营的构成要素中最基本的内容，与企业现行的实务相比又都是最前沿的技术工具。此外，书中结合了多个企业的实务案例说明如何将最前沿的技术融入企业经营中，而不是纸上谈兵。

因此，本书不仅是一本学习环境经营与环境会计的教科书，也是面向广大企业人士的参考书。

此书在日本出版后，受到读者的广泛喜爱，2012 年又一次修订再版。书中描述的会计方法以及企业案例都是日本学术界最前沿的内容，希望也能为中国的环境会计教学以及企业管理提供参考。

期待此书能受到中国读者的喜爱。

國部克彦

2014 年 2 月

缩略语表

缩　写	全　称	译　名
ACCA	Association of Chartered Certified Accountants	英国特许公认会计师公会
ASB	Accounting Standards Board	会计准则审议会
CCRF	Climate Change Reporting Framework	气候变化报告框架
CDM	Clean Development Mechanism	清洁发展机制
CDSB	Climate Disclosure Standards Board	气候变化信息披露标准委员会
CED	Cumulative Energy Demand	累积能源消费量
CER	Certified Emission Reduction	核准减排量
CERES	Coalition for Environmentally Responsible Economies	环境责任经济联盟
CICA	Canadian Institute of Chartered Accountants	加拿大特许会计师协会
CSR	Corporate Social Responsibility	企业社会责任
CVM	Contingent Valuation Method	假设评价法
DALY	Disability Adjusted Life Years	伤残调整寿命年
DEFRA	Department for Environment, Food and Rural Affairs	英国环境部
DfE	Design for Environment	环境友好设计
DtT	Distance to Target	目标与现状差别
ECOMAC	Eco-Management Accounting as a tool of Environmental Accounting Project	关于环境管理会计的实际状况调查

缩　写	全　称	译　名
EINES	Expected Increase in Number of Extinct Species	濒于灭绝物种的预计增加量
ELU	Environmental Load Unit	环境负荷指标
EMAN	Environmental Management Accounting Network	环境管理会计网
EMAS	Eco-Management and Audit Scheme	生态管理和审核计划
EPCRA	Emergency planning and Community Right-to-Know Act	应急计划与社区知情权法案
EPS	Environmental Priority Strategies for Product Design	产品设计环境优先战略（欧洲开发的综合化方法）
ERP	Enterprise Resource Planning	企业资源计划
FASB	Financial Accounting Standards Board	财务会计准则理事会
GRI	Global Reporting Initiative	全球报告倡议组织
GWP	Global Warming Potential	全球变暖潜能
IAS	International Accounting Standards	国际会计准则
IASB	International Accounting Standards Board	国际会计准则理事会
IEC	International Electrotechnical Commission	国际电工委员会
IET	International Emissions Trading	国际排放量交易
IFAC	International Federation of Accountants	国际会计师联合会
IFC	International Finance Corporation	国际金融公司
IFRIC	International Financial Reporting Interpretations Committee	国际财务报告解释委员会
IFRSs	International Financial Reporting Standards	国际财务报告准则
IIRC	International Integrated Reporting Committee	国际综合报告委员会
IMU	Institut fur Management und Umwelt	环境经营研究所
IS	International Standard	国际标准

缩　写	全　　称	译　名
ISAR	Intergovernmental Working Group of Experts on International Standards of Accounting Reporting	国际会计和报告准则政府间专家工作组
ISO	International Organization for Standardization	国际标准化组织
JEPIX	Environmental Policy Priorities Index for Japan	日本环境政策优先指数
JI	Joint Implementation	联合履行机制
JVETS	Japan's Voluntary Emissions Trading Scheme	日本自愿碳排放量交易方案
KPI	Key Performance Indicators	关键绩效指标
LAS-E	Local Authority's Standard in Environment	环境自治体标准（当地政府的环境标准）
LCA	Life Cycle Assessment	生命周期评价
LCC	Life Cycle Costing	生命周期成本
LCI	Life Cycle Inventory Analysis	生命周期清单分析
LCIA	Life Cycle Impact Assessment	生命周期影响评价
LCM	Life Cycle Management	生命周期管理
LIME	Life-Cycle Impact Assessment Method Based on Endpoint Modeling	日本版损害测算型环境影响评价法
MAC	Marginal Abatement Cost	边际减排费用
MD&A	Management Discussion and Analysis	经营者讨论与分析
MFCA	Material Flow Cost Accounting	物质流成本会计
MIPS	Material Intensity per Service	单位服务量物质强度
NSC	Network for Sustainability Communication	可持续发展交流网络
ODS	Ozone Depleting Substances	臭氧层破坏物质
OFR	Operating and Financial Review	经营及财务状况
PERI	Public Environmental Reporting Initiative	公共环境报告倡议
PRTR	Pollutant Release Transfer Register	污染物排放、移动登记

缩　写	全　称	译　名
QFD	Quality Function Deployment	质量功能展开
RI	Responsible Investment	责任投资
RoHS	Restriction of the use of certain Hazardous Substances in electrical and electronic equipment	有害物质限制指令
SETAC	Society of Environmental Toxicology and Chemistry	环境毒性化学协会
SIF	Social Investment Forum	社会责任投资论坛
SIGMA	Sustainability-Integrated Guidelines for Management	可持续发展综合管理指南
SRI	Socially Responsible Investment	社会责任投资
TCA	Total Cost Assessment	全成本评估法
TLCC	Total Life Cycle Cost	总生命周期成本
TPM	Total Productive Maintenance	全面生产性维护
TQM	Total Quality Management	全面质量管理
TR	Technical Report	技术报告
TRI	Toxics Release Inventory	有毒物质排放清单
UNCTAD	United Nations Conference on Trade and Development	联合国贸易和发展会议
UNDSD	United Nations Division for Sustainable Development	联合国可持续发展司
UNEP	United Nations Environment Programme	联合国环境规划署
UNEP-FI	UNEP Finance Initiative	UNEP 金融倡议
USEPA	US Environmental Protection Agency	美国环境保护署
VE	Value Engineering	价值过程
WBCSD	The World Business Council for Sustainable Development	世界可持续发展工商理事会

目　录

contents

序　言 ……………………………………………（ 1 ）

中文版序 …………………………………………（ 5 ）

缩略语表 …………………………………………（ 7 ）

第1章　环境经营和会计系统 …………………（ 1 ）

1.1　什么是环境经营？ …………………………（ 1 ）

1.2　环境问题的本质 ……………………………（ 3 ）

1.3　环境经营体系的构成要件 …………………（ 4 ）

1.4　企业的环境经营理念 ………………………（ 5 ）

1.5　实施环境经营的管理技术 …………………（ 8 ）

1.6　促进企业环境经营的市场机制 ……………（ 12 ）

1.7　环境经营的目标 ……………………………（ 14 ）

1.8　环境会计系统 ………………………………（ 15 ）

1.9　本书的目的和构成 …………………………（ 17 ）

第2章　环境管理会计 …………………………（ 20 ）

2.1　什么是环境管理会计？ ……………………（ 20 ）

2.2 环境管理会计在日本国内外的发展动态 ……… （21）

2.3 环境成本：环境管理会计的研究对象 ………… （23）

2.4 USEPA 和 IFAC 的环境成本 ……………… （25）

2.5 环境管理会计的体系 ……………………… （31）

2.6 环境友好型设备投资决策 ………………… （33）

2.7 环境友好型成本规划 ……………………… （38）

2.8 环境预算矩阵 ……………………………… （40）

2.9 环境友好型绩效评价 ……………………… （44）

2.10 开展环境管理会计的可能性 ……………… （45）

第3章 物质流成本会计 ………………………… （48）

3.1 物质流成本会计的意义 …………………… （48）

3.2 物质流成本会计的展开 …………………… （49）

3.3 物质流成本会计的基本构成 ……………… （51）

3.4 作为成本计算方式的物质流成本
会计的特征 ………………………………… （54）

3.5 物质流成本会计的导入步骤 ……………… （57）

3.6 物质流成本会计的实际应用 ……………… （58）

3.7 物质流成本会计与信息系统 ……………… （61）

3.8 物质流成本会计的活用 …………………… （63）

3.9 作为现场改善工具的物质流成本会计 ……… （64）

3.10 物质流成本会计系统扩展的可能性 ……… （66）

第4章 生命周期评价 …………………………… （70）

4.1 LCA 产生的社会背景 ……………………… （71）

4.2 LCA 概要和一般步骤 ……………………… （73）

4.3　定义实施 LCA 的目的与调查范围——目的
　　　和调查范围的确定 ……………………………（76）

4.4　测算环境负荷量——清单数据库分析 …………（79）

4.5　进行清单数据库分析 ……………………………（82）

4.6　评价潜在的环境影响 ……………………………（83）

4.7　重要事项的提取和数据检验：结果解释 ………（87）

第 5 章　环境影响的综合化评价方法 ………………（92）

5.1　环境影响综合化方法的特征 ……………………（93）

5.2　主要的环境影响综合化评价方法 ………………（94）

5.3　环境影响评价方法——LIME …………………（103）

5.4　环境影响综合化评价方法的展望 ………………（110）

附录　综合化方法的问题点 …………………………（111）

第 6 章　生命周期成本 ………………………………（114）

6.1　从生命周期视角看经济分析的必要性 …………（114）

6.2　LCC 的意义及发展动向 ………………………（115）

6.3　LCC 的步骤和分析方法 ………………………（120）

6.4　LCC 的实施案例 ………………………………（121）

附录　LCM（生命周期管理）………………………（133）

第 7 章　环境效率和因子 ……………………………（137）

7.1　以有效削减环境影响为目标 ……………………（137）

7.2　环境效率 …………………………………………（139）

7.3　因子的定义和应用动态 …………………………（148）

附录　环境效率和因子的讨论 ………………………（161）

第 8 章 环境信息披露和环境报告书 …………………………（165）

8.1 为什么要披露环境信息? …………………………（166）

8.2 面向政府的报告和环境信息披露 …………………（168）

8.3 环境报告书 ………………………………………（171）

8.4 披露制度中的环境信息披露 ……………………（179）

8.5 环境信息的可信赖性和保证 ……………………（187）

附录 环境报告书的阅读方法 ……………………………（191）

第 9 章 外部环境会计 …………………………………………（194）

9.1 外部环境会计体系 ………………………………（194）

9.2 环境保护成本 ……………………………………（198）

9.3 环境保护效果 ……………………………………（201）

9.4 环境保护对策的经济效果 ………………………（205）

9.5 环境会计信息评价和综合指标的历练 …………（207）

9.6 外部环境会计的课题 ……………………………（212）

第 10 章 财务会计与环境问题 ………………………………（215）

10.1 为什么财务会计存在问题? ……………………（216）

10.2 环境成本和资产记入 ……………………………（219）

10.3 环境负债 …………………………………………（224）

10.4 排放量交易会计 …………………………………（229）

第 11 章 资本市场与环境问题 ………………………………（237）

11.1 评价环境经营的市场 ……………………………（237）

11.2 社会责任投资（SRI）的方法与现状 …………（240）

11.3 日本的社会责任投资 ……………………………（245）

11.4　进化中的资本市场 ……………………………（252）

11.5　环保理念的投资逻辑 …………………………（259）

附录　SRI 的调查是否正确? ………………………（265）

第 12 章　从环境经营到 CSR 经营 ………………………（268）

12.1　从环境到社会 …………………………………（268）

12.2　什么是 CSR? …………………………………（269）

12.3　CSR 的问题领域和经营者的应对 ……………（272）

12.4　利益相关者互动 ………………………………（275）

12.5　CSR 报告书 ……………………………………（277）

12.6　CSR 会计 ………………………………………（280）

12.7　CSR 经营的未来 ………………………………（288）

译者的话 …………………………………………………（291）

第1章　环境经营和会计系统

1

要点

　　环境经营的本质，是在企业经营活动中将环境与经济联系起来。但是，环境与经济的联系不能自动产生，而是需要各种各样的要素来促成。在企业内部，经营者强烈的环境保护意识和环境管理技术都很重要。同时，与企业环境经营实施相配套的社会系统和市场机制的存在与健全也是必不可少的。为了实现这三者的统一，企业内部可以通过环境会计将环境保护系统和经济活动系统连结起来，并将相关结果对外部公开。本章将从管理和会计的角度，讨论贯穿全书的环境与经营的关系，还将讨论市场和社会应发挥的作用。

关键词　环境经营体系　环境经营理念　环境管理　市场与社会　环境会计

1.1　什么是环境经营?

　　"环境经营"一词，现在已成为企业经营的一个关键词。在企业的环境报告书中，环境经营一词已被广泛使用，企业组织结构中也设有"环境经营"部门。但是，如果深入思考什么是环境经营，竟发觉很难回答。如果环境经营只是指环境保护活动，就没有必要特意用"环境经营"一词来夸张地表述。

2 从环境经营所强调的内容来看，它并不只限于公害防治和回收等环境保护活动（当然，这些活动也是很重要的），而是应该在企业经营的所有方面都必须考虑环境影响。只有具备这样的经营理念和经营风格，才能称为环境经营。因此，本书将环境经营定义为在企业经营的各个方面都渗透着环境意识的经营活动。企业经营的各个方面包括购入、制造、物流、销售等价值链的活动，也包括资金调配、投资及人力资源管理等活动。

另一方面，环境经营又是一个包含矛盾的概念。因为企业的目标是追求利润，与之相对，保护环境则多少都会增加经营成本，必然会与追求利润相对立。所以，环境和经营的相反的性质也是容易被人接受和理解的。这样一来，促使环境与经营相互连结就更加有必要了。

为了使二者相互关联，就需要使用共同的语言，其中最有效的方法就是会计。会计是测算、评价企业经营活动经济性的方法，用来计算企业的经营目标和利润。可以说，企业经营活动是根据会计系统所设定的目标来设计的。因此，如果能在会计系统中导入环境要素，环境与经营就具有了共同语言，二者相互连结的可能性也大大提高，可以为实施环境经营做出实际贡献。会计系统以货币计量作为基本计量体系，而货币流动的基础是物质量的流动，有物质量的流动就可能带来环境负荷。因此，物质流单位的计算就成为会计系统的重要对象。

但是，通过会计系统来连结环境与经营并不是一件容易的事。在会计领域中，连结环境与经营的会计活动被称为环境会计，在这些年取得了长足的发展。为了实践环境经营，将环境会计作为企业经营的基本体系是很有必要的。本章中，将讨论环境经营与会计系统相关联的各个方面，并将其作为企业经营管理活动的方向性目标来考虑。

1.2　环境问题的市质

在讨论环境经营的内容之前，认真思考环境问题的本质是非常必要的。地球温室效应、臭氧层破坏、酸雨、资源枯竭以及生物多样性等各种环境问题的产生，都是由人类的经济活动对环境造成的破坏引起的。但是，经济活动对环境破坏所造成的损失，迄今为止还被置于经济性之外，人们在交易中并没有考虑这些损失。

例如，从工厂排出的环境污染物，即使对当地居民的健康造成损害，那些被害者也是第三方，是与工厂所生产的产品或产品的购入者不同的第三方，与工厂没有直接关系，因而，他们也不会得到受害赔偿，环境受害就这样被置于经济交易的框架之外。这种被侵害，经济学上称之为外部不经济，由外部不经济而产生的被害被称为外部成本或社会成本[1]。

因此，为了解决环境问题，有必要将外部不经济产生的社会成本内部化。但是，以追求盈利为目的的企业将社会成本内部化，意味着将为环境保护增加支出，因为成本增加与利益减少是相互关联的，社会成本还不能简单地向内部成本转移。这不仅是企业

──────────

〔1〕　经济学上，通常将由外部不经济所产生的成本称为外部成本（或外部费用），将私人成本和外部成本之和定义为社会成本。但是，社会成本概念的提倡者葛普（K. W. Kapp）所使用的外部成本就是社会成本的含义，为避免混乱，本书也沿用这一含义。因为在会计学上，外部成本通常被理解为在企业外部所产生的成本。

经营者的问题，也是我们在构建经济系统时所必须考虑的问题。

　　将外部不经济产生的社会成本内部化的手段有通过法律直接规制，还有税收、补贴、排放权交易等经济手段。这些作为环境政策和规制都已被广泛采用，还有一些类似环境税等的手段也正处于议论探讨中。但是，这些政策方法只是规制的一环，由于规制一般缺乏弹性，只依靠政府规制来应对多样且复杂的环境问题还是有局限性的。

　　为了解决这些问题，有必要促使经济活动的主体——企业自觉地开展环境保护活动。但是，企业作为追求经济利益的组织，又很难自觉地将环境与经济利益连结起来。因此，要使企业在经营活动中自发地将环境和经济相互连结起来，必须满足两个条件：一是环境保护活动和企业的经济利益直接关联，二是环境保护活动能够提高企业的声誉和社会形象，能够为企业的长期利益做出贡献。

　　而环境经营就正是满足这样两个条件的一种体系。现在，我们来讨论环境经营体系的要件。

1.3　环境经营体系的构成要件

　　环境经营体系的构成要件，最根本的有以下三个要素：①企业的环境经营理念；②实施环境经营的管理技术；③促进企业实施环境经营的市场机制。

　　为了实施环境经营，首先必须有明确的理念。这里，我们也可以将理念理解为哲学。在企业活动中，由于环境保护往往需要增加更多的成本，因而环境保护活动和追求利益的经济活动基本上被认为是相互对立的。因此，如果不能确立连结二者的正确理念，就不能充分实施环境保护活动。当然，为了追求短期的经济目标，有的企业也许会实施环境保护活动，但这并不能实现环境经营，不能应对深刻的全球环境危机。

但是，即使拥有了很好的环境经营理念，如果没有实现的方法和手段，理念也很难变为现实。在 20 世纪的最后 10 年中，人们开发了很多环境管理的工具，如环境管理系统、环境绩效评价、生命周期评估、环境友好设计、环境标志、环境监察、环境报告书、环境会计、环境管理会计、环境效率、环境评价等。这些方法的开发和发展，为实现环境经营提供了丰富的工具。因此，将这些手段体系化，使其成为环境经营的基础就显得非常重要。

但是，有了明确的环境经营理念，有了充实的环境管理工具，还是不能实现环境经营。因为企业是追求盈利的组织，企业以保护环境为目的而追加的投资，还必须从其所在的社会和市场中得到必要的支援（或收益）。无论企业生产出怎样有利于环境的产品，如果市场不接受，企业的生产活动就不能持续。因此，为了使环境经营活动得以实现，建立对实施环境经营的企业给予支援的市场机制是不可缺少的。这样的市场可以称为环境友好型市场。　6

所以在环境经营体系中，首先需要具备三个要件：①环境经营理念；②环境管理技术；③环境友好型市场。其中，环境友好型市场不是一个企业努力就可以建成的，但企业的努力可以推动市场的形成。下面，我们就这三个要件的内容分别进行更详细的讨论。

1.4　企业的环境经营理念

毋庸置疑，企业在经营过程中，其经营理念是必要的。经营理念作为企业经营的根本，必须是全体员工共同认同的。经营理念的意义在于在经营者和员工进行经营和决策的过程中，为其提供最基本的价值判断标准。

因此，企业如果实施积极的环境保护，就应该确定能表明其态度的、能作为基本判断标准的经营理念。对于作为经济组织的企业来说，设立环境保护部门并不是目的。因为，如果没有明确的经营理念，环境保护活动就不可能渗透到企业的各项业务活动中。

在全球环境问题日益严重、日益被重视的今天，环境经营理念不仅仅应该包含在企业经营理念中，还应该独立出来；环境经营理念也不应该只是作为一段文字被记录在册，而应该是企业最高管理层对环境经营的理解和思考。环境经营理念体现着整个企业的环境方针，重视什么、怎样推进、如何实施等，都需要企业高层的决策。因此，在企业的环境宪章和环境方针中，应该随时反映决策层对环境经营的思考，并由此形成企业的环境经营理念。

近来，大企业几乎都制定了环境宪章和环境方针。但是，这些宪章和方针不能仅仅是标题或停留在文字层面，还需要企业高层准确洞察社会发展趋势，为宪章和方针注入生命力。总体来说，宪章和方针应体现企业实施环境经营的缘由、重视什么、怎样彻底贯彻执行等。环境经营理念作为有生命力的理念，应该成为企业活动的指南。

例如，被评定为环境先进企业的理光，就将其环境经营理念作为"环境纲领"明示，而且，还有基本方针和7项行动方针。其内容不仅仅规定要努力降低环境负荷，还要求每个员工都积极、努力地致力于企业环境信息的公开。

因此，企业高层不能仅仅将环境经营理念文字化或门面化，而是应该以此唤起全体员工的关注。企业发布环境报告书（或企业社会责任报告书、企业可持续发展报告书）就是一种方法，其中可以表达企业高层的想法和做法。

在环境报告书中，高层管理人员的讲话对体现企业应对环境问题的态度起着非常重要的作用。高层管理者的发言，意味着环境经营理念不仅仅限于企业内部，也将发展为企业对社会的承诺，它需要企业全体员工的充分理解。只有这样，才能确立企业环境经营的起点。

表1-1 理光的环境纲领 8

基本方针

理光集团认为：环境保护不仅仅是我们作为地球居民的使命，而是要将环境保护活动和企业经营活动一样作为企业经营的基轴，承担起企业的责任，在企业集团全面展开相关活动。

行动方针

1. 确定高层次目标

遵守法规，坚守企业责任，充分感知社会的期望并将其设定为企业的高目标，努力实现这一高目标并创造经济价值。

2. 环境技术开发

创造顾客价值，推进能在社会中更广泛的领域里使用的环境技术的革新、开发。

3. 全员参与活动

在所有的事业活动中，充分考虑对环境的影响，全员参与环境污染防治、能源和资源的有效利用，并持续推进改善。

4. 产品生命周期

在产品和售后服务中，努力在采购、生产、销售、物流、使用、再利用、废弃的各个阶段减少环境负荷。

5. 增强意识

每个人都应关注社会的发展目标，通过积极的学习提高环保意识、承担自己的责任，推进环境保护活动。

6. 社会贡献

通过参与和支援环境保护活动，为可持续发展社会的实现做出贡献。

7. 沟通 携手利益相关者展开环境保护活动，通过积极的社会沟通获得来自社会的支持和信赖。

出处：《理光集团环境经营报告书2011》。

1.5　实施环境经营的管理技术

9

1.5.1　管理技术的相互联系

毋庸置疑，只有理念，是无法实现环境经营的；要实施环境保护，需要必备的技术。这些技术包括公害防治、资源能源保护等的工艺和技术，还有有助于管理决策的管理技术，等等，这些都有很大的差别。我们主要讨论与环境经营系统关系密切的管理技术，这并不是说管理技术和理工类的技术是相互分离的，而是因为管理技术可以更好地指导企业，形成实施环境经营的基础。

环境管理技术从1990年代以来取得了飞速的发展。其原动力是根据ISO（国际标准化组织）的要求所制定的环境管理体系ISO14001：1996。此后，环境监察、环境标识、环境绩效评价、生命周期评价、环境沟通、环境友好设计、温室气体定量化报告等标准不断公开发布，逐步构成了ISO14000系列。同时，ISO标准以外的环境会计、环境报告、环境效率等环境管理技术也快速发展。

如上所述，为了实施环境保护活动而诞生了多种多样的管理技术。如果要很好地应用这些管理技术作为环境经营的工具，就有必要理解这些工具之间的相互关系。也就是说，需要将环境管理工具体系化。图 1-1 便是对这些工具的整理汇编，希望说明它们的演进和相互关系。

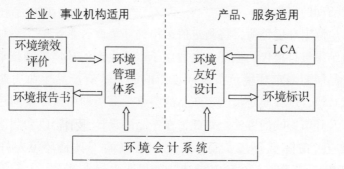

图1-1 环境保护活动体系

1.5.2 适用于企业、事业单位和产品单位的工具

环境管理技术按其适用范围可以分为两大部分：一是适用于企业、事业单位的工具，如图 1-1 的左半部分所示；二是适用于产品和服务的工具，如图 1-1 的右半部分所示。图 1-1 从内容上看，按适用对象不同，环境管理的工具可以分为三大部分：环境负荷测定和评价、减少环境负荷，以及环境绩效信息公开。如果将具有代表性的环境管理工具按这样的基准进行分类，那么适用于企业、事业单位的是以环境绩效评价作为环境负荷测定和评价的工具，以环境管理体系作为减少环境负荷的工具，以环境报告书作为企业向外界公布环境绩效信息的工具。

环境绩效，意味着要体现环境保护活动的结果和实际绩效。在环境绩效评价中，企业和组织的环境保护活动的实际绩效需要用一些指标来进行测定。因此，所采用的这些评价指标，在环境管理体系中也具有了目标值的功能。例如，如果将 CO_2 排放量作为环境绩效的指标之一，设定其削减目标，与此目标相对应的确保 PDCA 循环 ［Plan（计划）、Do（实行）、Check（评价）、Act

12 （改善活动）〕能够实施的机制就是环境管理体系。同时，将其结果在环境报告书中对外公开，也是事业单位和企业阶段性环境保护活动的完成。

测定环境负荷，将测定值运用到环境改善系统中，并对其改善结果进行报告的循环，也适用于产品生产的环境管理技术。在产品层面测定环境负荷及环境影响的方法有产品生命周期评价（LCA），LCA 是定量测定产品的整个生命周期中所产生的环境负荷及环境影响的方法。对此，在产品的设计开发阶段和制造阶段就应考虑降低环境负荷，与之相适应的工具是环境友好设计（DfE）。近年来，"生态设计"的提法也越来越多，人们将 LCA 信息应用到 DfE 中，期望产品的环境性能得到更好的提高。

LCA 已经由 ISO 体系实现了标准化。将 DfE 和生态设计也纳入 ISO 体系中，将成为今后的发展趋势。在日本，以经济产业省为中心，正在努力开发这些工具。但是，即使 LCA 与 DfE 的领域很接近，只有这两者还是不能保证实现产品层面的环境保护。LCA 和 DfE 的结果是以在市场上获得环境友好型产品为起点的，这才达成了产品层面的环境友好。

所以，有必要让消费者知道哪些产品有哪种程度的环境友好？环境标识（标签）制度因此应运而生。关于环境标识，ISO14000 系列中已将其标准化，包括第三方认证、企业认证和环境负荷定量信息公开等三种类型，以提高实际应用的灵活性。

以上提到的很多工具都已在 ISO14000 系列中实现了标准化。

13 关于环境报告的标准，在 ISO 体系中提供了环境沟通的指导方针，日本环境省也颁布了相关指南来引导企业通过环境报告书公开环境信息，国际性组织全球报告倡议组织（GRI）也发布了社会责任报告指南。

这些实施环境管理的各种工具，虽然还需要改善，但已包含从环境负荷的测量、改善到其结果报告所组成的环境保护活动的全过程。这也意味着可以从整体的角度对企业的环境保护体系进行评价。

1.5.3　与经济活动系统的连结

然而，在企业经营体系中，从环境保护的角度看，还存在着较大的限制，即在企业原有的活动中，使环境保护与经济活动相联系的系统并不存在。企业的目的是追求利润，这一目的通过每天的经济活动在逐步实现。环境保护活动如果不以经济活动为媒介手段，如果与经济活动相背离地运行，如果评价成果仅限于企业对盈利目标的追求……这些，都将使二者之间存在很大的界限。

因此，有必要将企业环境保护活动与经济活动相互连结起来，在这一领域，环境会计系统将发挥作用，其关系如图1－2所示。

图1－2　环境经营的系统关联

环境会计体系的内容将在后面叙述。在此我们首先将环境保护活动系统与环境会计体系相连结，由此理解环境会计体系与企业经济活动的关联性。

一直以来，ISO都没有关于环境会计体系的标准。2011年，ISO将环境管理会计的"物质流成本会计"（MFCA）方法导入了 14 ISO14051体系中并使其标准化。这部分内容，将在第3章中详细说明。

1.6 促进企业环境经营的市场机制

1.6.1 市场的作用

构成环境经营系统的要件有环境经营理念和环境管理技术。如前所述，即使具备了先进的环境经营理念、卓越的环境管理技术，还是不能实现环境经营。因为企业是存在于社会和市场中的，如果没有来自市场和社会的认可与支援，企业的环境经营也是难以实现的。

为实现环境经营，企业必然会花费成本。比如为削减温室气体排放而导入新的节能技术，使用低环境负荷的材料可能带来采购价格的提高，等等。这些追加的成本，并不是企业负担，而是作为成本分担在产品价格中，最后由消费者来承担。因此，消费者必须理解这一点。如果不将这些成本转移给消费者，企业的利益就会减少；企业利益的减少则意味着企业股东的利益减少，这又需要企业股东的理解。

如果消费者、股东、投资者等不能充分理解企业的环境友好活动，那么无论企业有怎样豪迈的环境经营理念、怎样先进完备的环境管理技术，其环境经营实践也只能局限在非常有限的范围内。相反，如果市场对于实施环境经营的企业给予良好的评价、援助，企业则可能自觉地率先实施环境保护活动。

广义的市场是由产品/服务市场、资本/金融市场、劳动力市场等构成的，因此，有必要积极促进这些市场向环境友好型市场转变；促进企业开展环境经营，也要求市场中利益相关者的环境意识发生改变。

1.6.2 绿色市场

目前，鉴于存在有关于市场环境友好发展程度以及如何推进的讨论，可以认为市场正在向环境友好型转变。

在产品/服务市场中，率先采购环境友好型产品的绿色采购的趋势正在扩大。这表现为企业在原材料购入时就实施绿色采购，基于国家和自治体的法律法规也在实施中，环境友好型产品及原材料的市场也在扩大。但是，还不能说绿色市场已经充分渗透到最终的消费阶段，环境友好但价格也相对高的商品如何被市场接受是需要研究的课题。

在资本/金融市场中，作为社会责任投资（SRI）的一环，一些生态基金正在关注实施环境经营的企业。日本从 1999 年开始发行被称为生态基金的信托投资产品。此后，社会责任投资基金的数量也在增加。但是，这些资金的总量还很小，还不能对资本市场产生较大的影响。因此，具有环境意识的投资者的存在，是促进绿色资本/金融市场发展壮大的重要因素。

在劳动力市场中，人们在进行职业选择时是否会在意企业是环境友好型企业？对此，还没有实证研究。环境友好型企业会在工作环境改善上投入精力，对员工来说也就有了相对较好的工作环境。因此，可以吸引优秀的员工汇集于这样的企业。事实上，在面向学生的招募信息中，强调企业自身环境贡献的企业并不少。

由此可见，在产品/服务市场、资本/金融市场和劳动力市场中，都存在着支持企业实施环境经营的潮流。遗憾的是，这股潮流还没有成为主导，这也是环境经营推进的最大问题。但是也应该看到，市场中的环境意识虽然还没有快速扩展开来，但也在稳步提升。因此，作为企业经营者，必须要考虑市场中环境意识不断增强的趋势，考虑如何促进环境经营、推进环境经营体系建设。

与之相关，企业自身积极公开产品的环境信息、对利益相关者进行环境教育等都是十分必要的。环境会计信息因为可以明确环境投入的成本和所产生的收益，将对企业的环境经营发挥重要作用。

1.7 环境经营的目标

1.7.1 短期目标

整体来看，环境经营有三个重要因素：①环境经营理念；②环境管理技术；③环境友好型市场。就企业具体的经营行为来看，还需要将环境保护也作为企业的经营目标。

根据选定的基准年度，确定削减的温室气体和废弃物等，以此确立环境保护的总量控制目标并加以实施，这是环境保护的基本活动。但是，为了环境经营的进一步开展，还必须确保环境目标与经济目标的双赢。如前所述，环境目标和经济目标容易形成相互权衡关系，追求二者的协调发展是环境经营的重要课题。

将环境经营目标分为短期目标和长期目标是一个有效方法。所谓环境经营的短期目标，就是环境经营能够直接产生经济效果，设定环境和经济双赢关系的目标并努力使之实现。例如节能，就具有削减经费的效果。也就是说，短期目标通常是通过环境保护活动有可能实现对经济效益的追求。

就制造业而言，在生产现场也有可能实现减少环境负荷与获得经济效益的双赢。例如，如果能够削减生产现场的废弃物，不仅能减少环境负荷，还能减少原材料的购入量，进而对资源保护做出贡献。从经济层面看，削减原材料费用，就可以削减废弃物处理费用，从而带来成本的节约。但是，很多情况下，为了削减废弃物，需要改变设备、原材料或者改变设计等，这些都需要投资。因此，人们必然会期望了解多少投资能在多大程度上减少废弃物，并将其作为决策的基础。而环境会计（环境管理会计）就能够提供这些信息。

1.7.2　长期目标

从长远看，环境经营追求经济与环境的双赢是非常重要的。从短期看，环境问题不能带来经济利益的情况较多。例如，为减少环境负荷而采用绿色原材料生产的商品的价格，通常都会比一般商品的价格高出一些，由此带来成本的增加。怎样应对这样的成本增加，是环境经营的要点。企业致力于减少环境负荷而带来一定程度的成本增加，其成果如果在社会和市场上披露，会提高企业的声誉和形象，由此也提高了企业的市场竞争力。从长远看，确定经济与环境双赢是环境经营最重要的发展方向。

因此，经济与环境的长期融合，仅有企业的内部系统是不能实现的。经营者的明确决策和培育能够支持其决策的市场机制都是不可缺少的，这也要求持续地对公众和市场公布环境信息。特别需要使人们了解的是：暂时性的成本增加能带来长期的环境保护，使更多的人享受到良好环境的益处。

将环境保护所花费的成本与其相应的环境成果进行比较，并公开环境信息，这些，都是环境会计应该承担的任务。

1.8　环境会计系统

19

1.8.1　环境会计的体系

为了实现环境经营，在企业内部，有必要将有利于环境保护活动的体系有机地嵌入企业经营活动中；在企业外部，来自社会和市场的评价和支援也是必不可少的。无论何种情况下,环境与经济的融合都是重要课题。换言之,环境与经济的双赢是环境经营必须具备的要素。

环境会计是能够使环境与经济相互融合的有效体系。在日本,由环境省发布《环境会计指南》指导人们认识、理解环境会计已成为趋势。但是,环境会计指南仅仅是环境会计的一部分。本书所要考察的,是环境会计的完整体系。

从研究对象看,以国家和地区为研究对象的宏观环境会计和以企业等组织为研究对象的微观环境会计有很大的差别。宏观环境会计,是考察国家或地区的环境问题,进行经济计算,也被称为环境账户。微观环境会计是包含各类自治体、非营利组织在内的环境会计,是以企业为中心的。本书所要讨论的就是微观环境会计中的企业环境会计。

微观环境会计,从其功能来看,可以分为外部环境会计和内部环境会计。外部环境会计是为了对企业外部公布环境信息的环境会计,内部环境会计是企业内部使用的环境会计。内部环境会计一般也称为环境管理会计(environmental management accounting)。本书中,将环境管理会计作为内部环境会计的意义来使用。

另一方面,会计既有法律规定所必须实施的内容,也有企业自主实施的内容。在日本,前者被称为制度会计,是企业根据公司法或金融商品交易法等规定而实施的会计内容,后者被称为非制度会计,会计内容由企业自主实施。[1]在企业会计中,对外公开会计信息是由法律规定的,属于外部会计(财务会计),也是制度会计。但是,在环境会计领域,日本环境省的环境会计指南不是法律,因而也不属于制度会计。当然,作为制度会计的环境

---

[1] 可参照我国财务会计、管理会计的角度来理解。——译者注

会计是指在企业财务报告中必须公布的环境信息。以上内容可以用图 1-3 来表示。

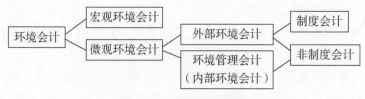

图 1-3 环境会计的体系

1.8.2 环境会计的计量单位

在环境会计中，使用什么计量单位是非常重要的。企业会计中是统一采用单位货币作为计量单位的。但是，在英语中 accounting 还具有用物量来计量的含义。所以，环境会计可以从货币计量和物量计量两个方面来理解。特别是与环境问题相关的、给环境带来很大影响的物质，用一次性的物量单位来测定更为重要。因此物量计算在环境会计中也非常重要。这也可以使我们更好地理解为何 LCA 会作为环境会计的关联领域。

图 1-3 中，从环境经营的关联性来看，连结环境保护活动体系和企业经济活动的方法是环境管理会计，为了获得来自市场的好评而将企业环境保护活动对外公开的方法被称为外部环境会计。外部环境会计一般都以环境报告书等为载体在媒体上公开发表。最值得期待的形式是：根据环境管理会计来连结环境保护活动和经济活动，将其成果通过外部环境会计对外公开。目前的环境会计还没有达到这样的程度，这也是需要努力的方向。

1.9　本书的目的和构成

本书将环境经营和支撑环境经营的会计系统作为中心内容。

环境会计分为环境管理会计和外部环境会计，但首先需要说明管理会计的领域。因此，在第 2 章中主要是环境管理会计的内容；第 3 章将详细说明环境管理会计的主要方法——物质流成本会计。这两章内容中的关键点是：环境管理会计与通常的管理会计有哪些不同，将给企业经营带来怎样的效益。

第 4 章至第 7 章，将从物量单位与货币金额单位角度，详细说明产品层面的环境影响的计量、测定和评价方法。在第 4 章中，从产品生命周期角度，讲解定量及综合评价方法——LCA，第 5 章将学习用货币单位来测量环境影响的方法。第 6 章基于 LCA 的研究成果讨论通过产品生命周期的成本计算方法，即产品生命周期成本（LCC）。第 7 章运用这些环境影响的评价方法，对产品和企业的环境效率进行评价。

第 8 章至第 11 章，讨论与环境经营有关的企业对外的信息公开和资本市场问题。第 8 章主要说明环境信息公开的手段——环境报告书的作用。第 9 章和第 10 章是关于外部环境会计的，第 9 章主要解读日本环境省的《环境会计指南》，第 10 章说明在制度会计中规定的财务会计与环境会计问题。第 11 章讨论以环境经营和环境信息公开为主的社会责任投资动向、资本市场中的融资方法等。

第 12 章，讨论从环境经营到企业社会责任（CSR）的发展，围绕企业社会责任的本质进行探讨，明确企业社会责任经营的要求、背景及其发展方向。

思考题

1. 选取你所关注的行业中几个企业的环境报告书（或 CSR 报告书）进行比较，分析其特点。

2. 当你购买商品时，会在多大程度上考虑环境问题？请就此问题思考应该怎样培育环境友好型市场。

3. 调研你身边的企业、政府机关、学校等单位，有无获得 ISO14001 或生态行动 21 等环境管理体系认证的组织？分析这些组织的信息公开内容和程度。

 参考文献

1. 天野明弘等编：『環境経営のイノベーション——企業競争力向上と持続可能社会の創造』，生産性出版 2006 年版。

2. 植田和弘等：『環境経営イノベーションの理論と実践』，中央経済社 2010 年版。

3. 貫隆夫、奥林康司、稲葉元吉編：『環境問題と経営学』，中央経済社 2003 年版。

4. 堀内行蔵、向井常雄：『実践環境経営論——戦略論のアプローチ』，東洋経済新報社 2006 年版。

5. 山上達人、向山敦夫、國部克彦編：『環境会計の新しい展開』，白桃書房 2005 年版。

6. 吉田文和、北亀能房編：『環境の評価とマネジメント』，岩波書店 2003 年版。

25

第2章 环境管理会计

要 点

> 本章主要学习环境经营的主要方法——环境管理会计。首先，了解环境管理会计的国际发展趋势，理解环境管理会计的中心概念——环境成本——及其范围；环境成本不仅仅是企业成本，也作为包含生命周期成本和社会成本的广义概念。其次，学习环境管理会计的具体方法，如讨论环境友好型设备投资决策、环境友好型成本规划、环境预算矩阵、环境友好型绩效评价等。这些方法，都是在现有的管理会计方法中新加入了环境要素。

关键词 环境成本 全成本会计 环境友好型设备投资决策 环境友好型成本规划 环境预算矩阵 环境友好型绩效评价

2.1 什么是环境管理会计?

环境管理会计是企业为了内部管理而使用的环境会计，也被称为内部环境会计。环境管理会计作为管理会计的一个要素，是企业为了实行与环境相关联的决策和管理业务时，根据其自身的目的而采用的会计方法。因此，它不仅仅是像以对外部公开环境信息为目的的外部环境会计那样致力于标准化，而是多种方法集合而形成的体系。

在企业内部，环境管理会计是连结环境保护活动和经济活动的有效工具，鉴于其重要性，相关国际机构，美国、德国等政府机构都在积极致力于环境管理会计具体方法的开发。日本是以经济产业省为中心，实施环境管理会计工具的开发和普及活动。

本章在介绍环境管理会计国内外发展动态的基础上，对其体系进行详细说明。外部环境管理会计是第 9、10 章的内容。

2.2　环境管理会计在日本国内外的发展动态

美国是最早采用环境管理会计的国家。美国环境保护署（USEPA）以"使企业理解环境成本的整体构造，鼓励其将环境成本统合到企业决策中，并对这些行为给予激励"为使命，从 1992 年到 2002 年实施了"环境会计项目"，并开发出很多方法。

USEPA 开始实施"环境会计项目"时，还没有诞生"环境管理会计"（environmental management accounting）一词，但确实又有被称为环境管理会计的这一项目。USEPA 在整理环境会计理论问题的同时，收集了一些关心环境会计的企业，将它们组成"环境会计网络"，积累了很多的案例，并将其开发成为环境会计的诸多方法。代表性的研究成果中，以支持环保投资决策的全成本评价为代表，有安大略电力公司的全成本会计、AT&T 公司的绿色会计等企业案例。

欧洲环境管理会计的研究和实务是在 1990 年代的后半期才开始的，但最近取得的成果却超过了美国。"环境管理会计"这一名词，就是在欧洲委员会（EC）的支援下形成的。它起源于 1996 年至 1998 年期间实施的关于环境管理会计的实际状况调查（ECOMAC）。此后，主导这一调查的研究工作者和实践工作者组建了欧洲环境管理会计网（EMAN）。

在欧洲，德国的环境管理会计发展动态特别值得关注。德国是最早盛行以生态平衡为代表和基于物量计量的环境会计的国家。从 1990 年代中期开始，人们注意到基于货币计量的环境会计。德国环境部及环境厅也注意到环境成本计算的重要性，并相继公开推出了关于环境成本计算和环境成本管理的手册和指南。本书第 3 章所讲的物质流成本会计，也是德国开发的方法。

作为国际组织，联合国可持续发展司（UNDSD）从 1999 年开始定期召开关于环境管理会计的专家会议，致力于环境管理会计具体方法的开发与普及，成果分别汇集在 2 个工作簿中。联合国的活动有以亚洲各国为首的多个发展中国家参加，我们也期待环境管理会计今后能够在发达国家以外的国家得到普及和推广。同时，国际会计师联合会（IFAC）也和 UNDSD 合作，于 2005 年发行了关于环境管理会计的指导性文件。这一指导性文件是世界各国会计工作者在开展业务工作时的参考指南，其中刊登了环境管理会计的标准内容和很多企业案例。

日本是由经济产业省来主导环境管理会计方法的开发。2002 年经济产业省公布了《环境管理会计方法工作手册》，此后又全力导入并普及作为环境管理会计最有效的方法——物质流成本会计。环境省发行的《环境会计指南》（参见第 9 章）虽然以对外信息公开为中心内容，但也将其作为加强企业内部管理时所使用的方法之一。从这一角度来看，也更有助于我们理解环境管理会计作为方法和手段的作用所在。

28

2.3 环境成本：环境管理会计的研究对象

2.3.1 环境成本的范围

为了掌握环境管理会计的内容，有必要首先理解环境管理会计的研究对象——环境成本的范围。实际上，企业经营者在作出决策时利用的成本范围是有变化的。从环境管理会计的整体来看，弄清楚将哪些成本范围列为研究对象，对理解作为管理技术的环境管理会计的本质是非常重要的。

环境成本是环境管理会计的研究对象，可以分为以下七个方面：①环境保护成本；②原材料费用、能源费用；③用于废弃物分类、处理的费用；④用于产品处理的费用；⑤产品使用时产生的能源费用；⑥产品废弃、再利用时产生的费用；⑦作为环境负荷的社会成本。

其中，①～④是发生在企业内部的企业成本，⑤和⑥是产品在使用和废弃阶段产生的生命周期成本，⑦是与产品的使用者或服务者无关，但会对第三方造成损害的成本，经济学称之为外部成本。这三部分成本的关系，可以用图 2-1 来表示。

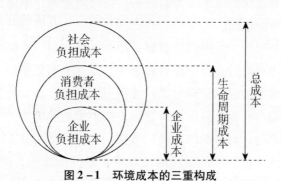

图 2-1 环境成本的三重构成

如图 2 - 1 中所看到的那样，各部分成本支出要根据不同的承担主体来理解。企业成本对应于企业所支出的成本，消费者在使用产品时所负担的成本是包含在产品生命周期成本中的产品、服务的购入价格及能源费用等。而作为环境负荷的社会成本，是指对与交易者无关的社会第三方造成的损害而演变的由社会负担的成本。当然，企业成本是理所当然会产生的，但对于产品使用时的能源费用和环境负荷，在产品使用阶段能够改善的余地是很小的。因而，要求产品和服务的提供者——企业主动对其进行改善。

2.3.2 企业成本、生命周期成本、社会成本

在此，再对作为环境管理会计研究对象的各成本内容进行说明。

在企业成本的 4 个分类中，外部环境会计目标对应的是日本环境省《环境会计指南》中规定的对象，即①环境保护成本。但是，环境保护成本占企业全部成本的比例很小，大多在几个百分点左右。环境保护成本作为企业与环境活动关联的成本，是企业为了履行环境保护责任而对外公开的环境信息，其在企业经营活动中的相对重要性并不高。但是，因为环境经营是企业的整体活动，只将环境保护成本作为对象的外部环境会计，不能为环境经营提供充分的依据。

与之相对应，②中的原材料费用和能源费用，是和环境密切相关的成本项目。而且，原材料费用多是作为直接费用，对企业来说是最重要的成本管理对象。如果采用环境管理会计方法，就有可能明确迄今为止的原材料管理方法中未能明确的资金上的浪费（当然也包含对资源的浪费），这在第 3 章中将详细阐述。

③和④是废弃物的分配加工和产品的分配加工，严格来说，也许不能称为环境成本。但是，像在物质流成本会计中说明的那

样，为了对废弃物成本给予恰当的评价就需要必要的成本项目，这也意味着其应该包含在环境管理会计的项目中。

由以上可以看到，①～④是企业内部产生的成本（即企业成本），⑤和⑥是产品在售出后的使用及废弃阶段产生的成本，产品的使用、废弃和再利用所产生的成本很多都与环境有关。为了降低产品的环境负荷，有必要在产品的开发、设计阶段就开始控制产品生命周期全过程的成本。为此而开发的产品生命周期成本方法，将在第 6 章中阐述。

但是，在企业的经营活动中无论怎样考虑到环境友好，也难以避免地多少都会产生环境负荷。这些环境负荷就产生了被称为外部不经济的社会成本。在企业层面实施环境保护活动的本质，就是最大限度地减少被称为外部不经济的社会成本。包含这些社会成本的环境管理会计，是最广义的生命周期成本会计，意味着完全的成本会计，也被称为全成本会计。

这样一来，作为环境管理会计研究对象的成本范围，不仅比外部环境会计广泛，也超过了企业会计成本的范围。从这个意义上说，认为环境管理会计包含了企业会计也不为过。但是，各个环境管理会计方法并不是将所有的环境成本都纳入考察对象，在使用时需要活用此方法，纳入环境管理会计中的成本范围要根据企业决策及其目标来确定。

下面，我们来考察 USEPA 和 IFAC 体系中的环境成本。

2.4　USEPA 和 IFAC 的环境成本

在环境管理会计中，环境成本范围超出了企业成本的范畴，是包含了社会成本的更广泛的范围。那么，实践中是怎样使用这些成本项目的呢？环境管理会计应该根据经营决策及目标来构筑，作为其研究对象的成本范围也要根据决策及目标来确定。在此，我们分别介绍 USEPA 和 IFAC 体系中的环境成本范围。

32　　### 2.4.1　USEPA 的环境成本分类

为了作出环境友好型设备投资决策，USEPA 一开始就强调扩大作为研究对象的成本范围的重要性。因为环境友好型设备投资所带来的风险规避和环境保护效果，在通常的成本项目中是得不到测定的，因此必须扩大成本范围。

表 2 - 1 中是 USEPA 在 1995 年公布的环境成本分类。它是 USEPA 由环境友好型投资决策决定的有效成本分类方法，也是 USEPA 以前就一直主张的，在环境管理会计的入门书［USEPA（1995）］中就已经提到过。

USEPA 的成本分类特点是将成本分为四类：①传统成本；②隐性成本；③偶发成本；④关联成本（形象、关系成本），相应的内容都有详细列举。传统成本是指在投资决策时通常考虑的成本项目；隐性成本是指在投资决策时通常不作为考虑对象但又对环境有重要影响的成本项目。这些，又分为事前成本、事后成本、规制遵守成本和自主成本。

33　　**表 2 - 1　USEPA 的环境成本分类**

隐性成本		
规制遵守成本	事前成本	自主成本（超出规制范围的成本）
通 知	现场研究	构建地域关系
报 告	现场准备	监督、检查
监督、检查	认 可	训 练
研究、模型化	研究开发	监 查
修 复	工程及采购	供货商选择

续表

隐性成本		
规制遵守成本	事前成本	自主成本（超出规制范围的成本）
记　录	安　装	年度报告书等
计　划	传统成本	保　险
训　练	资本设备	计　划
检　查	材　料	实施可行性调查
登　录	劳　务	修　复
标　签	易耗品	再利用
准　备	公共费用	环境调查
设备保养	建筑物	研究开发
健康管理	残存价值	动物栖息地和湿地保护
环境保险	事后成本	环境美化
财务保证	关闭、撤退	其他环境计划
污染管理	库存处理	对环境团体和研究者的财政支援
泄漏应对	关闭后的管理	
雨水管理	现场调查	
废弃物管理		
税金、手续费		
偶发成本		
未来遵守规制的成本	修　复	法律费用
处罚、罚金	财产损害	自然资源损害
未来排放物的应对	工伤损害	由于经济损失而引起的损害
关联成本		
企业形象	与专员的关系	与债权人的关系
客户关系	与员工的关系	与当地的关系

关联成本		
与投资者的关系	与供应商的关系	与规制制定者的关系
与保险公司的关系		

出处：USEPA（1995）.

传统成本和隐性成本是在企业实际支出成本的范围内，偶发成本、关联成本，不仅包含随着认知时间而发生的支出，也包含在会计上作为企业成本不能被识别的部分。例如，由于引入公害防治设备，会削减未来遵守规制的成本，如果使企业形象得以改善，被认为会减少投资成本（或增加收益）。但在通常的会计体系中，这些成本和收益事前是得不到认知的。

34   ### 2.4.2 IFAC 的环境成本分类

USEPA 的环境成本分类中，将公害防治的设备投资决策作为成本分类的考虑点，但是，从更一般的观点对环境管理会计进行环境成本概念整理的还有 IFAC 的成本分类。IFAC 的《环境管理会计指导文件》中对环境成本进行了分类，见表 2-2。这一环境成本分类，对 USEPA 在环境管理会计专家会议上提出的方法有所改善。

IFAC 的环境成本分为表 2-2 所示的六大类：①产品输出的物料成本；②非产品输出的物料成本；③废弃物、排放物的管理成本；④公害防治、其他环境管理成本；⑤研究开发成本；⑥无形成本。这些分类希望能够明确各项成本会对哪些环境领域产生影响，如表中所列的项目：大气、气候变化，废水排放，废弃物，土壤、地下水污染，噪音、震动，生物多样性、景观，放射性物质，其他等。

表 2 – 2　IFAC 的环境成本分类　35

环境项目 与环境相关的成本项目	大气	废水	废弃物	土壤水	噪音	生物	废热	其他	合计
1. 产品输出的物料成本									
原材料、辅料									
包装材料									
水									
2. 非产品输出的物料成本									
原材料、辅料									
包装材料									
工厂易耗品									
水									
能　源									
加工费									
3. 废弃物、排放物的管理成本									
设备折旧费									
工厂易耗品									
水、能源									
内部人工费									
外包费用									
税金、认证费用等									
罚　款									
保　险									
修复、赔偿									

环境项目 与环境相关的成本项目	大气	废水	废弃物	土壤水	噪音	生物	废热	其他	合计
4. 公害防治、其他环境管理成本									
设备折旧费									
易耗品、水、能源									
内部人工费									
外包费									
其　他									
5. 研究开发成本									
6. 无形成本									

出处：IFAC（2005）.

IFAC 的环境成本分类特点在于重视产品和非产品输出的物料成本，非产品输出资源是指没有成为产品而被排放到企业之外的资源，废弃物和排放物就属于这一类。作为产品输出的物料成本，其内容包括原材料费、包装材料、水和能源等。非产品的输出是指上述以外的资源，加工费也构成其物料成本的一部分。

这些物料成本并不是为了保护环境而产生的成本，在日本环境省的《环境会计指南》中也没有被定义为成本。但是，因为原材料费（包括能源费用）原本都是取之于自然，它们的使用、废弃以及使用量削减，自然都和自然资源的保护联系在一起。但是，对于制造者来说，最重要的物料成本是企业成本项目，企业经营者通常对此非常在意。因此，IFAC 对环境管理会计中应该作为关注对象的成本项目，按物料成本来进行最初的环境成本分类。IFAC 的出发点与第 3 章的内容——物质流成本会计的出发点有共同之处。

另外，废弃物、排放物管理成本，公害防治和其他环境管理成本也是环境保护成本，是环境省的《环境会计指南》中要求公开的项目。研究开发成本也是将与环境相关的研究开发成本作为研究对象，与环境省指南中所要求的内容是相同的。另一方面，无形成本包含能够降低未来风险或有利于企业形象、有利于强化利益相关者的成本，在这一点上，IFAC 沿用了 USEPA 的分类思路。

在 IFAC 的文件中，还使用了奥地利的 Laakir-chen 企业的成本分类表，对此，将在环境管理会计实践案例中进行介绍。

2.5　环境管理会计的体系

2.5.1　环境管理会计的主要方法

与企业会计相比，环境管理会计以广泛的成本为考察对象，为了能够在实践中运用，有必要开发各种各样的具体方法。实际上，环境管理会计是多种方法的集合，日本经济产业省 2002 年公布的《环境管理会计方法工作簿》中，阐述了以下六种方法：①物质流成本会计；②生命周期成本；③环境友好型设备投资决策；④环境友好型成本规划；⑤环境预算矩阵；⑥环境友好型绩效评价。

其中，环境友好型设备投资决策、环境友好型成本规划、环境预算矩阵和环境友好型绩效评价等四种方法，是在现有的管理会计方法的基础上追加了环境要素。也就是说，设备投资决策、成本规划及绩效评价的各种方法，是在管理会计领域的实际运用中已经确立的方法。这些现成的方法因为其中追加了环境要素而被作为新的环境管理会计方法。环境预算矩阵是将质量成本核算方法运用于环境预算。这些方法，都是在管理会计中追加了环境要素，因而也能够表述为"环境＋管理会计"。物质流成本会计和生命周期成本并不是在已有的成本计算体系中追加环境要素而形成的，它们是拥有独立的数据库的综合方法。

物质流成本会计所需要的数据，是与物质流相关联的物量信息和会计数据。这里所说的会计数据可以理解为与传统成本计算中所需要的数据库相一致。因此，物质流成本会计中的数据库，可以以传统成本计算的数据库为基础来构建。

为此，物质流成本会计中数据库被分为物质流成本会计和传统成本计算这两种成本计算，但是为传统成本计算服务的数据库不包含与物质流相关的信息，不能进行物质流成本会计所需要的成本计算。这就意味着，物质流成本会计是以环境为出发点，是包含了现有的管理会计方法的方法。这样一来，环境管理会计方法也可以说是"环境（管理）会计"。

生命周期成本也是将现有的管理会计纳入其框架中，其研究对象扩展为从企业内部到生命周期全过程，是与物质流成本会计相同的"环境（管理）会计"的方法之一。我们期待生命周期成本与 LCA 相互整合，进一步增加其可用性。

2.5.2　环境＋管理会计和环境（管理）会计的关系

环境＋管理会计和环境（管理）会计的关系是具体方法与信息基础系统的关系，这种关系可用图 2－2 来表示。

该图所表现的是上下之间的关系，即"环境（管理）会计"是"环境＋管理会计"的基础系统。作为环境管理会计的信息基础，企业会计系统和环境信息系统都很重要。立足于这些基础之上，才能运用具体方法。也就是说，"环境＋管理会计"是从"环境（管理）会计"中采集数据，并根据企业决策来加以运用的。

物质流成本会计与生命周期成本的信息基础系统可以共用，但作为不同的方法也有其各自的侧重点。物质流成本会计中使用的流量成本矩阵与生命周期成本中使用的产品评价就是二者不同的侧重点。

39

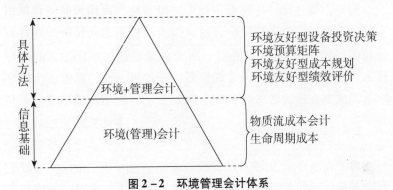

图 2 - 2　环境管理会计体系

第 3 章和第 6 章将详细讨论物质流成本会计与生命周期成本，本章中，主要对"环境＋管理会计"中的 4 种方法给予详细说明。

2.6　环境友好型设备投资决策

2.6.1　传统的设备投资决策方法的边界

对企业来说，设备投资决策是非常重要的决策。为了支持这一决策，管理会计方法中开发了很有用的工具——资本预算。支持设备投资决策的管理会计方法有几种变形，但基本上依据投资所产生的现金流入和现金流出来进行比较。

比如，用投资利率来比较投资方案时，现金流出和现金流入的比率就是很重要的。在投资回收期法中，为设备而投入的现金流出需要多少年才能收回是判断的基准。这些计算方法必须考虑货币的时间价值（未来的货币价值比现在等值的货币价值要小），也被称为现值法。在净现值法中，计算时要考虑现金流入和现金流

40

出的差额货币的时间价值（用利率和预计收益率来折算未来现金价值），用净现金流入的多少来评判设备投资方案。

但是，像这样的传统设备投资决策方法，往往倾向于对环境友好的设备投资给予较低的评价。因为在投资中所包含的环境友好功能（比如公害防治功能），对企业来说往往不产生新的现金流入。这时，如果采用通常的设备投资决策方法，其投资优先顺序会因成本支出的增加而下降。

2.6.2 全成本评估法

为了克服环境友好型设备投资决策方法中存在的这一问题，通常在更广泛的范围内来考察环境保护所产生的收益，以便切实评价环境友好型设备投资的价值。USEPA 的项目中集中研究了这一方法，其公开发表的成果被称为全成本评估法（TCA）。

全成本评估法的思路是阶段性地扩大设备投资所考虑的成本范围，扩大设备投资的选择基准。其基本的考虑方法如图 2－3 所示，将所有应该考虑的成本分为 4 个层次。即使在通常成本（层次 0）被废弃的投资方案中，由于将成本范围扩展到了层次 1、层次 2、层次 3，考虑了能带来的成本削减和无形收益，会使环境友好型设备投资得到较好的评价，达到投资选择基准点。

如果满足了层次 1 的选择基准，就没有必要进入层次 2 和层次 3。这里所使用的成本分类，与先前表 2－1 所示的 USEPA 的环境成本分类相同。"负债成本"与表 2－1 中的"偶发成本"，"无形成本"与"形象、关系建立成本"是同一意思。这些成本项目，能够评价由于设备投资而产生的削减或新增加的利润。但是，随着进入图 2－3 中的更深层次，成本或利润产生的不确定性也增大，应引起必要的注意。

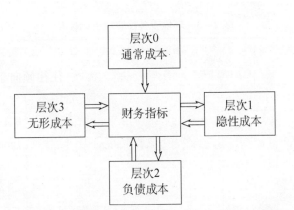

图 2 - 3　基于全成本评估法的环境投资案例评价程序
出处：USEPA（1992）.

2.6.3　环境设备投资的效用分析

日本经济产业省在进行环境友好型设备投资决策方法的开发时，不仅仅要考虑设备投资方案的财务效果，还要考虑由于设备投资而带来的环境负荷降低。事实上，对于各种设备投资方案，都要分析其对环境目标的贡献度，研究经济指标的综合运用。表 2 - 3 是经济产业省《环境管理会计方法工作簿》所提倡的环境设备投资项目比较表。

在环境设备投资项目比较表中，关于设备投资的财务数据，除了盈利，人们也在研究如何将环境负荷削减效果和投资效果一起进行比较。为了此表的有效运用，我们可以将环境目标优先作为一个前提，环境目标的实现程度和财务效果的关系是决策时的判断基准。

环境友好型设备投资不仅可以单独运用，在某些情况下也可以和其他环境管理会计方法并用，并能增加其使用效果。例如，在第 3 章中导入的物质流成本会计，就可以了解由废弃物产生了多少浪费，这些信息都可以在环境友好型设备投资决策中运用。

42 　　　　　表2-3　环境设备投资项目比较表

投资方案编码	环境设备投资方案	环境投资优先度等级	初期投资额A（百万日元）	环境投资额内部编号B（百万日元）	运行期间的设备运营费C（百万日元/年）	使用后废弃费用D（百万日元/年）	设备使用年数E（年）	年平均总费用的现值F（百万日元/年）	回收期间-（Ba-Bb）/（Ca-Cb）		投资利润率ROI		净现值NPV	
										顺序		顺序		顺序
101	○○○设备	A	a											
			b											
			差额											
102	○○○设备	A	a											
			b											
			差额											
103	○○○设备	A	a											
			b											
			差额											
104	○○○设备	B	a											
			b											
			差额											
105	○○○设备	B	a											
			b											
			差额											
106	○○○设备	B	a											
			b											
			差额											
107	○○○设备	C	a											
			b											
			差额											
108	○○○设备	C	a											
			b											
			差额											
109	○○○设备	C	a											
			b											
			差额											
合　计														

注：各方案的前段是指设备投资方案状态，中段是指设备投资未运行状态，后段是二者之差。环境设备投资相关的财务数据。

出处：经济产业省（2002）。

年度　　　○○○事业所

方案的盈利能力		环境负荷削减效果和投资效用									
		温室气体		废弃物		PRTR 物质		○○○物质		综合指标	
内部利润率 IRR	投资效率指数 PI	CO₂排放削减量G(t-CO₂/年)	相当于总费用的削减量H=G/F(t-CO₂/年)	废弃物削减量I(t/年)	相当于总费用的削减量J=I/F(t/百万日元)	PRTR物质削减量K(kg/年)	相当于总费用的削减量L=K/F(kg/百万日元)	○○○物质削减量M	相当于总费用的削减量N=M/F(t/年)	环境负荷削减总得分(分/年)	相当于总费用的得分(分/百万日元)
	顺序	顺序	顺序	顺序	顺序	顺序	顺序	顺序	顺序	顺序	顺序

2.7 环境友好型成本规划

在产品的开发设计阶段就考虑产品的环境友好度，正在成为很多产品制造者非常重要的课题。产品的环境性能，涉及能源利用效率的提高、去除有害物质、拆解更容易等多个方面。人们期待企业能够遵守并超越法律规制的范围，开发设计出更好的产品。

但是，降低产品的环境负荷，往往又会成为成本增加的因素。环境负荷低的原材料的价格大都比一般原材料的价格高，容易再利用和容易拆解的设计往往又会带来产品数量的减少而引起成本的增加。因此，为了进行环境友好型产品的设计开发，有必要采用环境管理会计方法对其支持，这就是环境友好型成本规划。

成本规划，是在产品开发设计阶段就导入价值工程等工学方法，以此来改善产品的性能与成本的关系，现在已在以丰田汽车为首的日本企业中广泛普及，被外界认为是支撑日本企业竞争力的管理方法。环境友好型成本规划就是将这种成本规划的思路扩展到了产品环境性能的提高过程中。

成本规划的基本思路如下式所示，将成本（C：Cost）和功能（F：Function）的关系定义为产品的价值。一般来说，就是在功能一定的情况下，通过价值过程来实现成本降低的工学方法。

$$V = \frac{F}{C}$$

与之相对应的环境友好型成本规划，如公式中所显示的 V 是为了环境所追加的价值。环境价值工程研究会将这样的价值定义为环境满足价值，用以下公式来表示：

$$V = \frac{Fcs}{Ccs} + \frac{Fks}{Cks}$$

Fcs：顾客满足功能　Fks：环境满足功能

Ccs：使用成本　　　　Cks：环境对策成本

Fks 表示产品的环境性能，Cks 表示为其所增加的成本。有关产品的环境性能，通过实施 LCA 能够获得与产品环境负荷相关的信息，并得以具体运用，相关的减少环境负荷的技术以及选择适当的环境适应设计来减少环境负荷的方法都是很重要的。为了提高环境性能所增加的成本等，必须由环境管理会计的信息来掌控。另外，关于这些成本，不仅要考虑企业生产的成本阶段，即使是在产品使用、废弃时的成本也有必要考虑。

在环境友好型成本规划中，有必要将 LCA、环境适应设计、环境管理会计进行有机整合和应用。但是，这还停留在理论研究阶段，在企业中的应用还是非常困难的。最大的问题是，由于实施环境友好型规划所增加的成本即使带来了环境性能的提高，如果没有消费者的认购，企业是不会继续进行这些产品的产生、销售的。

因此，在通常的环境友好型成本规划中，对于产品的功能和成本，还没有到以成本和功能对比的界限来追求成本降低的程度。当然，一旦决定了环境友好型产品的基准，在其范围内努力降低成本的案例还是有的，一些企业开发了被称为"绿色产品"的产品群，并探索出许多方法。

环境友好型成本规划的目标及方向与企业的实践现状还有很大的偏离，但这不是企业的责任，相比之下，市场的责任更大。消费者手里握有企业环境友好型规划发展的钥匙，这一说法并不为过。评价产品的环境影响管理方法，在第 4 章之后阐述。随着

46

以 LCA 为中心的方法的快速发展，企业和市场双方努力实现绿色已成为可能。

2.8 环境预算矩阵

环境预算矩阵是对所实施的环境保护活动中的成本与效果的关系进行分析，以便有效促进环境保护活动的预算编制方法。环境预算矩阵是将质量成本计算方法运用于环境管理会计中，是日本经济产业省在环境管理会计项目中开发出的、日本独有的环境管理会计方法。经济产业省的《环境管理会计方法工作簿》中，对这一方法给予了说明。为了强调这种方法在环境预算中运用的重要性，将其命名为环境预算矩阵。

环境预算矩阵采用质量成本计算方法，将与环境保护活动相关的成本分为四类：①环境保护成本；②环境评价成本；③内部负担环境损失；④外部负担环境损失。

环境保护成本一词，如字面意思所表达的那样是为实施环境保护而花费的成本，包括公害防治成本和环境管理体系的运营费用等。环境评价成本是企业为了监测环境负荷而发生的监督成本。这些都是企业为了削减环境负荷而支出的成本。

内部负担环境损失和外部负担环境损失是由于企业的环境对策不充分而产生的损失。之所以区分为内部和外部，是因为所产生的损失中有些是对企业内部造成的损失，而有些则是对当地社区和居民等外部所造成的损失。例如，废弃物处理和赔偿费用是内部负担的环境损失，而排出的废气如 CO_2 等造成的温室效应和大气污染、排出的废水所造成的水质污染等都是对环境的损害，是由外部负担的环境损失。

完整的环境预算矩阵如表 2 - 4 所示。它是将环境保护成本和环境评价成本设定为矩阵的列，将内部负担损失和外部负担损失设定为矩阵的行，以此来分析相互之间的关系。也就是说，环境保护成本和环境评价成本是为了削减内部负担损失和外部负担损失而进行的投入。对其进行分析，可以为企业编制环境预算提供积极参考。

如表 2-4 所示，为了削减表中的行所示的明细支出（内部负担损失和外部负担损失），会发生表中的列所示的环境保护成本，用其来评价它们对环境保护的贡献度。首先，对于纵轴的"费用明细"，以其"重要度"和"难易度"分配，将二者相乘算出"绝对重量"。与这一"绝对重量"数值的合计相对应的是右边的"环境损失重量"，它表示了各种环境损失相对应的"费用明细"的大小。对应于这些相对数值，可用◎○△符号表示三阶段来评价横轴的环境保护成本的"明细、活动"与其存在怎样的相关程度，即进行环境损失重量分配。

例如，内部负担环境损失中的"土壤污染、破坏自然等的修复成本"，它的环境损失重量是 7.8%，对这个比例进行分配，分配到为削减这一损失而投入的 3 种成本（土壤污染防治，产业废弃物减量化、再利用，环境负荷的监督、测定）中，以便用于事前评价。如此计算出所有横轴的环境损失的"费用明细"后，对环境保护成本的各项目（即各列）进行纵向合计，就可以成为计算环境预算重量的方法。

以此计算出的环境预算重量，表示的是理想的预算分配比例，将这一环境预算数值与以后的预算及实际业绩进行比较，分析其效果，可以为编制以后的环境预算发挥作用。

49

表2-4 环境预算矩阵

费用明细 / 明细、活动	现值	水污浊防治	土壤污染防治	噪音防治	其他公害防治	温室效应防治	臭氧层保护	节约资源对策	有效利用资源	节水、雨水利用	产业废弃物减量化、再利用	办公废弃物减量化、再利用	废弃处理、丢弃成本	其他资源环境成本
		公害防治成本				环境保护			资源循环利用成本					
内部负担环境损失（金额换算） **环境损害成本** 土壤污染、破坏自然等的修复成本	1200		○(3) 4.3/7.8								○ 2.6/7.8			
应对环境损害的准备金及保险费	3000													
与环境保护相关的和解费用、补偿金、罚金、诉讼费	200	○ 3.2/9.7												
低效率成本 废弃材料费（企业内部评价）	4200								○ 1.0/6.2				○ 1.0/6.2	
水费	500								○ 2.9/4.7	○ 1.8/4.7				
能源费	1200					○ 1.9/5.8								○ 1.9/5.8
包装材料费	800													
品牌及企业形象损失（企业内部评价）	1000					△ 0.3/9.7	△ 0.3/9.7				△ 0.3/9.7	△ 0.3/9.7		
外部负担环境损失（质量换算） **造成公害的因素** 浓度对大气无污染的排放量（NOx等）	400t					△ 1.5/9.7	△ 2.6/9.7	△ 1.6/9.7						
浓度对水质无影响的排放量	6200t	○ 1.9/3.5												
土壤污染、破坏自然事件（件数）	4件		○ 4.3/7.8											
噪音	80dB			○ 3.9/4.7										
无其他公害的排放量	200t													
温室气体排放量（换算为CO₂）	650t					○ 3.1/6.2		△ 0.6/6.2						
特定氟利昂等使用量	120t						○ 2.9/3.5							
产业、一般废弃物排放量	540t							△ 0.2/6.2			○ 1.0/6.2	○ 1.0/6.2	○ 0.6/6.2	
环境预算重量(4)		1.9	11.9	3.9	1.5	6.0	4.8	3.7	2.9	1.8	3.9	1.3	1.6	1.9
当期预算		903	5653	1853	713	2850	2280	1758	1378	855	1853	617.5	760	903
当期实际业绩		850	5990	2010	699	3060	1410	1730	1240	943	1830	715	770	1030

注：（1）绝对重量：环境损失各细目的重要度×难易度（目标达成的难易度）。

（2）环境损失重量：将纵列所有环境损失明细的绝对重要性的合计值看作100，计算各个细目的绝对重量占

（3）环境保护成本的明细（对策、活动）和环境损失的明细之间的关联用○○△评价后，用5、3、1等分

（4）环境预算重量：对各环境保护成本明细（对策、活动）在（3）中得出的分值作纵列合计。

出处：伊藤嘉博《环境预算矩阵》[国部编（2004）收录]。

| 环境保护成本 | | | | 管理活动成本 | | | 研究开发成本 | | | 社会活动 | | | | 重要度 | 当期目标值 | 难易度 | 绝对重量[1] | 环境损失重量%[2] |
绿色采购与普通采购的成本差额	生产、销售产品环节的再利用	为保护环境所提供的产品、服务	低环境负荷的容器包装物所增加的成本	对员工的环境教育	环境管理体系的构建、运营	环境负荷的监督、测定	环境友好产品的研究开发	生产阶段的环境负荷控制	物流、销售阶段的环境负荷削减	保护自然、绿化等环境改善对策	对社区居民环保活动的支援	对环境保护团体的捐款、援助	环境信息发布、环境保护广告					
						△ 0.9/7.8								5	500	4	20	7.8
					○ 1.3/3.5	2.2/3.5								3	2000	3	9	3.5
					△ 1.1/9.7	5.4/9.7								5	0	5	25	9.7
			○ 1.6/6.2				○ 1.6/6.2	○ 1.0/6.2						4	4000	4	16	6.2
														3	480	4	12	4.7
				○ 1.2/5.8	△ 0.4/5.8	△ 0.4/5.8								3	1000	5	15	5.8
					○ 6.2/6.2									4	700	4	16	6.2
○ 1.0/9.7		○ 1.0/9.7	○ 1.0/9.7				○ 1.6/9.7			○ 1.6/9.7	○ 1.0/9.7	△ 0.3/9.7	○ 1.0/9.7	5	800	5	25	9.7
						△ 0.5/9.7	○ 1.5/9.7	○ 1.5/9.7	△ 0.5/9.7					5	200t	5	25	9.7
						△ 0.4/3.5		○ 1.2/3.5						3	5500t	3	9	3.5
						△ 0.9/7.8		○ 2.6/7.8						4	0件	5	20	7.8
									△ 0.8/4.7					4	70dB	3	12	4.7
					△ 0.8/4.7	○ 3.9/4.7								4	200t	3	12	4.7
△ 0.6/6.2								○ 1.9/6.2						4	500t	4	16	6.2
△ 0.6/3.5														3	100t	3	9	3.5
	○ 0.6/6.2					○ 1.0/6.2	○ 1.0/6.2	0.6/6.2						4	470t	4	16	6.2
2.2	2.2	1.0	8.4	1.4	3.6	15.4	5.3	6.3	3.2	1.6	1.0	0.3	1.0		绝对重量计		257	100%
1045	1045	475	3990	665	1710	7315	2518	2993	1520	760	475	143	475		合计		4750 万日元	
997	1098	675	2760	779	1850	8054	2610	3690	1440	760	475	143	475		合计		4808.3 万日元	

绝对重量合计值的比例。
值化，用该分值占该细明环境损失重要性的比例分配到各单元中。

2.9 环境友好型绩效评价

环境友好型绩效评价是指在各个事业部门的绩效评价制度中加入环境保护指标，并将其确立为一种评价系统。由于在企业的基础系统——绩效评价制度中加入了环境要素，从而提高各事业部门应对环境问题的意识，以此来促进整个事业部门的环境保护活动。

从 1990 年代末开始，将环境保护指标导入绩效评价系统的日本企业有所增加，并且这种做法已成为一种趋势。环境友好型绩效评价方法涉及企业的整个经营体系，作为环境经营的中心方法，人们也期待它有更大的发展。

在环境友好型绩效评价中，虽然导入环境保护指标的种类及其导入程度各种各样，但其重要性在于在企业的基本经营体系中将环境要素作为极其重要的因素来考虑。部门的绩效评价与部门负责人的绩效评价直接相关，对部门的人员构成、员工报酬及其评价也会产生影响。虽然这种影响因企业而不同，但实际上与企业所有员工的绩效评价有着直接或间接的联系。

由于各个企业的绩效评价系统不同，对于如何将环保指标纳入其中也很难形成统一的标准方法。当然，对于企业所采用的绩效评价方法与企业所考虑的环境问题应该有系统的设计。有的企业是在已有的绩效评价体系中追加环境保护指标，而有的企业是在考虑环境保护指标后对绩效评价系统进行重新更新。

在实践中，为了构建环境友好型绩效评价体系，怎样选用以及选用哪些环境保护指标也是一个需要考虑的问题。环境保护指标的选择方法有两种，一种是各部门通用的方法，另一种是各部门独自使用的方法，有的企业将这两种方法结合起来使用。

例如，有的企业对综合事业本部、生产型子公司、销售型子
公司等都设定共同的环境保护指标；有的企业在战略目标管理中
导入环境保护指标，由各部门的负责人在认可战略目标的基础上，
独自设定环境保护指标并建立相应的评价体系；还有一些企业将
削减 CO_2 排放量作为对各个部门的考核指标并进行公开评价。

大多数企业的绩效评价系统中，环境保护指标所占的比重约
为 10%。但是，在绩效评价系统中环境保护指标的重要性不能单
纯地只看其占比重的多少。对于比较容易达成的环境保护指标，
其所占比例的多少对部门绩效的影响相对较小，对部门负责人的
影响（带来的冲击）也不大。因为环境保护指标的成绩会对各个
部门绩效的排序产生影响，一些环境保护指标即使在整体中所占
比重低，部门负责人也不得不给予重视。这些指标的指向，成为
企业导入环境管理会计的依据。

2.10　开展环境管理会计的可能性

环境管理会计在企业的内部管理活动和决策中是连结环境与
经济的重要且有效的工具。其所考察的成本领域，超越了通常的
企业成本范围，包含了生命周期成本和社会成本。但是，为了将
生命周期成本和社会成本恰当地结合在环境管理会计体系中，还
有必要将考察企业成本的方法精细化，并明确两者的关系。

本章中所讨论的环境友好型设备投资决策、环境友好型成本
规划、环境预算矩阵、环境友好型绩效评价等方法，在讨论过程
中都是以企业成本为中心的。但是，所有的方法都可以在生命周
期成本和社会成本中扩展并成为其考察对象。

同时，不仅仅是货币金额，与环境相关的物量信息的整合和
利用也是很重要的。在使用中，环境管理会计采集哪些范围的信

52

53

54

息也不仅仅是方法问题，经营管理者如何利用其进行决策也是重要课题，是企业环境经营状况的依据。

环境管理会计不但使企业的经营管理决策向环境友好型转变，还具有企业经济和环境信息系统的重要功能。由环境管理会计系统对企业的经济和环境信息进行评价，既有利于企业决策，也能够促进企业的经营管理活动进一步向获得环境和经济双赢的方向迈进。

1. 了解通常的管理会计的理论和实践，比较其与环境管理会计的异同点，特别是关于成本规划、设备投资决策、绩效评价方面的异同。

2. 比较日本经济产业省的《环境管理会计工作簿》与环境省的《环境会计指南》的内容，简述其不同点（可从网络下载）。

3. 调查某企业导入环境管理会计的事例，简述其特征。

参考文献

1. 伊藤嘉博：『環境を重視する品質コストマネジメント』，中央経済社 2001 年版。
2. 勝山進編：『環境会計の理論と実態』（第2版），中央経済社 2006 年版。
3. 河野正男編：『環境会計の構築と国際的展開』，森山書店 2006 年版。
4. 環境省：「環境会計ガイドライン 2005 年版」，载 http：//www. env. go. jp，2005 年。
5. 経済産業省：「環境管理会計手法ワークブック」，载 http：//www. meti. go. jp/policy/eco_business/，2002 年。

6. 國部克彦：『環境会計』（改定増補版），新世社 2000 年版。

7. 國部克彦編：『環境管理会計入門——理論と実践』，産業環境管理協会 2004 年版。

8. 國部克彦編：『環境経営意思決定を支援する会計システム』，中央経済社 2011 年版。

9. 國部克彦、梨岡英理子監修：『環境会計最前線——企業と社会のための実践的なツールをめざして』，省エネルギーセンター 2003 年版。

10. 柴田英樹、梨岡英理子：『進化する環境会計』（第 2 版），中央経済社 2009 年版。

11. 矢澤秀雄、湯田雅夫編：『環境管理会計概論』，税務経理協会 2004 年版。

12. IFAC, *International Guidance Document*: *Environmental Management Accounting*, 2005.

13. USEPA, *Total Cost Assessment*, 1992.

14. USEPA, *An Introduction to Environmental Accounting as a Business Management Tool*, 1995.

57

第3章 物质流成本会计

要点

本章学习环境管理会计的主要方法——物质流成本会计。物质流成本会计是以提高资源的利用率为目标而开发的方法，2011年国际标准化组织以ISO14051形式，公布了该方法的国际标准。物质流成本会计的最大特点是追踪原材料的存量和流量并计算其金额和重量，将废弃物和加工所耗费的时间作为"负产品"计算。本章将阐述物质流成本会计与传统成本会计在计算结构上的不同，讲解物质流成本会计在企业中的活用方法及未来发展趋势等。

关键词 资源生产率 物量中心 材料成本 成本计算 正产品 负产品

3.1 物质流成本会计的意义

环境管理会计有多种方法，其中最引人注目的是物质流成本会计（MFCA）。物质流成本会计的雏形由德国开发，日本经济产业省将其引进到环境管理会计方法项目中，进行了普及、推广和改进，使其不断在企业中得到运用。

第 2 章所讲的环境管理会计方法（环境友好型设备投资决策、环境友好型成本规划、环境预算矩阵、环境友好型绩效评价等）是在现有的管理会计方法（设备投资决策、成本规划、质量成本计算、绩效评价等）中追加了环境要素而形成的。物质流成本会计则是通过测量在制造过程中流动的物质流的物量单位和货币单位来进行计算的综合性会计方法。

物质流成本会计通过对生产过程中物质流的存量和流量的切实把握，对迄今为止被忽视的废弃物等也给予了经济评价。这一方法，使得对企业削减废弃物的具体状况的考察成为可能。计算结果将废弃物削减与资源保护和降低成本相互连结，从而可以对提高资源生产率、在生产现场将环境性和经济性相结合等方面做出贡献。

3.2 物质流成本会计的展开

3.2.1 德国的动态

物质流成本会计是在德国奥格斯堡大学（Universität Augsburg）瓦格纳教授的指导下，由环境经营研究所（IMU）在 1990 年代后期开发的方法。在此之前，瓦格纳教授一直从事生态平衡研究，并为企业提供这方面的指导。生态平衡是对企业和工厂中的原材料和能源的输入和输出进行研究的方法。德国的 KUNERT 等公司在瓦格纳教授的指导下，采用了先进的生态平衡方法。

但是，生态平衡只能从物量层面把握企业与环境的关系，不能表明其在经济方面的价值，因而不能引起企业经营者对其的充分关注。因此，瓦格纳教授小组在生态平衡框架中追加了成本信

59　息，在测量与环境相关的输入和输出时，计算出产品及其废弃物的成本，这就是物质流成本会计。

在德国，物质流成本会计受到了中央和地方的很多项目支援，在以奥格斯堡所在的拜仁州为中心的城市中的很多企业得到了积极的普及和推进。2004 年德国环境部下设的环境司公开发表了《环境成本管理入门》，其中介绍了环境管理会计的主要方法。

3.2.2　世界的动态

物质流成本会计在国际上广泛引起注意起于国际会计师联合会（IFAC）所公布的《环境管理会计指导文件》中对物质流成本会计的详细说明。而且，IFAC 所展示的环境成本分类（表2 – 2）中，强调了产品和非产品输出的物质流成本，这与物质流成本会计的出发点是基于同样的思考方法。

2008 年，对应于环境管理的 ISOTC207（Technical Committee），日本提出的关于实施物质流成本会计的国际标准化相关提案得到认可，并下设了 TC207 直属机构 WG8（Working Group 8），开始进行相关的国际标准化准备工作，WG8 的议长和干事由提案国日本担任，主导主要议题。2011 年 9 月 15 日，ISO14051（Material flow cost accounting：General framework）公开发布，ISO14051 确定了物质流成本会计的一般框架，中心内容是介绍相关的基本计算方法和实施程序。同时，在国际标准附录中还收录了案例研究，包括日本、捷克、德国、越南、菲律宾等国的案例。

3.2.3　日本的动态

1999 年，日本经济产业省开始推动环境会计项目，并特别注
60　意环境管理会计的方法开发。其中，针对物质流成本会计方法开发而于 2002 年公布了《环境管理会计工作簿》，并认为物质流成

本会计是环境管理会计的有效方法。

在德国，物质流成本会计致力于在与企业信息系统所连结的企业整体中导入该方法。但在日本，物质流成本会计并没有把构筑信息系统作为必要条件，而是通过实际层面来测定工艺过程中物质流的存量和流量，致力于发现隐含于其中的浪费。德国致力于将其与企业业务整合的企业资源计划（ERP）系统相互连结，以此作为主要着眼点；日本则在最初就将导入 Excel 计算的应用作为促进物质流成本会计的方向。

经济产业省的工作簿公布以后，从 2004 年起，物质流成本会计的普及业务得到了积极推进，日本能率协会咨询部和日本生产性本部作为承包商，对在各种规模的企业及产业中导入该方法做了大量普及性工作。2008～2010 年，产业环境管理协会作为承包商，在供应链中导入物质流成本会计，在实现资源节约方面取得了较大的成果。为了促进物质流成本会计的导入和运用，2008 年日本成立以产业为中心的"物质流成本会计论坛"这一民间组织。

3.3　物质流成本会计的基本构成

61

3.3.1　成本分类

物质流成本会计是将工艺过程中所发生的物质（原材料）的实际流动状况（存量和流量），用物量数据进行计量，再乘以相应物质的单价来计算整个过程的成本的方法。每一个物量考察对象被称为物量中心，其成本分为三类：①材料成本；②系统成本；③废弃物配送、处理成本。

材料成本是与原材料相关的成本，也是物质流成本会计的中心内容。系统成本是折旧费、劳务费等加工费用。废弃物配送、处理成本是从工厂送出的废弃物的配送及处理成本。能源消耗费用理论上都包含在材料成本中，但因为其计算方法与原材料的计算方法不同，往往需要单独测定。

物质流成本会计通过这样三种分类方法来掌握生产过程中的成本，但其中心是原材料成本。系统成本也包含废弃物加工处理所需要的固定费用，对于正确理解废弃物对经济效益的影响是有意义的，但却不是削减废弃物和减少成本的主要因素，这一点在数据分析中要特别注意。

3.3.2　物质流图

图 3-1 表示了物质流成本会计的基本构成。这是 IMU 根据德国开发的物质流成本会计而绘制的。图中的矩形区域表示一个物量中心，各个物量中心所需要计算的成本项目如矩形框内所标示。箭头表示计算过程中各成本项目的流动方向。图中将生产过程作为一个物量中心，但根据生产过程又可分为若干物量中心，而将废弃物作为考察要点来设立物量中心也是人们期待中的一个研究方向。

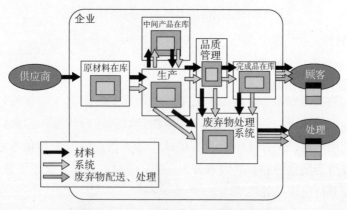

图 3-1　物质流成本会计的基本构成

出处：中嵨、国部（2008）。

在图 3 – 1 的物质流成本会计构成图中代入实际数据，可以得到图 3 – 2 所示的具体构成图。图中所示的只是物质流成本，计算在计量期间期初和期末的在库成本以及在各个物量中心之间移动的成本。这里的要点之一是将废弃物处理系统也作为物量计量中心，以便对最终不能成为正品而被当做废弃物处理的原材料的量也能够进行正确测定和计算。此图中只表示了原材料成本，在其中可以追加系统成本和废弃物配送、处理成本。

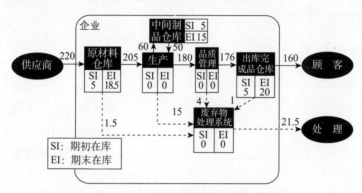

图 3 – 2　基于物质流成本会计的成本流

出处：中嶌、国部（2008）。

另外，在图 3 – 2 中，各个物量中心的原材料成本是作为一个数值合计出来的，物质流成本会计的原则是对各种原材料分别进行计算，合计后算出制成品的成本。由于废弃物的产生与各种原材料的相关度不同，因此必须认真考虑废弃物成本的正确测量和计算方法。

但是，一般企业的生产过程中原材料的种类及其数量都很庞大，从购入到产品出库，以各个原材料为单位进行物质流追踪也存在客观上的困难。因此，简便的计算方法是参照成本计算方法，将一个生产工序中完成的半成品作为一种原材料记入下一道工序，以此类推。当然，如果采用这种方法，也需要掌握半成品（含废弃物）的原材料构成，必要时还要追溯所购入的原材料。

以上计算的结果，可以用被称为物质流量成本矩阵的电子表格列出（简称"流量成本矩阵"），表3-1就是基于图3-2计算出的物质流量成本矩阵。

表3-1　流量成本矩阵

典型的流量成本构成　　　　　　　　　　　　　　　　单位：百万日元

生产成本	原材料成本	系统成本	废弃物配送、处理成本	合　计
产　品	120	25	0.2	145.2
包　装	40	25	2.5	67.5
原材料浪费	21.5	6.4	1.5	29.4
合　计	181.5	56.4	4.2	242.1

注：原材料成本占相当的比重，本表中为181.5，所占为75%。

　　成本中有相当一部分是原材料浪费引起的，本表中为29.4，占生产成本的10%强。

出处：中嶌、国部（2008）。

流量成本矩阵区分为正品和原材料废弃物，对原材料成本、系统成本和废弃物配送、处理成本分别进行计算。通常使用的成本计算并不能像这样精细地掌握废弃原材料的成本。从计算结果看，其金额令人吃惊的情况并不少，这就为削减废弃物提供了努力的方向。

3.4　作为成本计算方式的物质流成本会计的特征

3.4.1　通常的成本计算

物质流成本会计的基本构成如上所述，作为一种成本计算，有必要将其与通常使用的成本计算进行比较，考察其特点。

图 3 - 3　通常成本计算的基本模式

出处：中嶌、国部（2008）。

如图 3 - 3 所示，我们设想一个非常简单的生产过程：原材料 65 的购入成本 1000 日元，加工费（人工费和设备费）600 日元，由此生产一个产品。并假定原材料投入（输入）是 100kg，最终产品是 80kg。按通常使用的成本会计原理可以将其表示为图 3 - 3。

在图 3 - 3 中，并不关心作为废弃物流出的 20kg，也不特别计算其成本，只是将其全部计入产品成本中。这样计算是为了计算按多少价格来销售才能回收成本，如果购入原材料中被废弃的部分不作为产品成本记入，就无法算出产品销售所能产生的利润。这也就意味着，通常使用的成本计算并没有特意将废弃物的成本分离出来。

当然，通常使用的成本计算中也考虑生产过程中因规格或质量而产生的损失，对于不忽视这些损失的方法，日本称之为非忽视方法。如果使用非忽视方法，其计算结果与物质流成本会计的结果有时候非常接近。但是，在实践中这种方法几乎不被企业使用，而且该方法中也没有关于测定原材料输入与输出的详细方法。因此，以原材料种类为单位，通过实际测量物质存量和流量的物 66 量及其货币价值来对生产过程进行评价，是物质流成本会计方法的目的，也是其与通常的成本会计的不同之处。

3.4.2　物质流成本会计的计算

在物质流成本会计中，上面所举出的例子可以用图 3 - 4 来表示计算方法。原材料费用中的 1000 日元，按照产品和废弃物的重量比被分为 800 日元和 200 日元，加工费的分担方式有各种方法，但最简单的就是以重量比例为基准来进行分配，如产品为 480 日元，废弃物为 120 日元，其计算结果为：产品为 1280 日元，废弃物为 320 日元。

按图 3 - 4 所计算出的结果，很重要的信息是废弃物为 320 日元。在一般的成本计算中，废弃物是被当做 20kg 重量的物质来理解的。在导入物质流成本会计后，我们明白废弃物其实相当于 320 日元。也就是说，占生产成本 20% 的 320 日元都被丢弃了。对于企业来说，如果想削减成本就可以从削减废弃物这方面来考虑。

同时，由于明确了 320 日元的金额，对企业来说，也容易确立削减废弃物的对策。如果采取一个相当于 320 日元的对策能够使废弃物减少，也就可以节约成本、提高利润。需要注意的是，加工费不是与废弃物削减同比例减少的，但原材料费用原则上是与之同比例减少的。

67

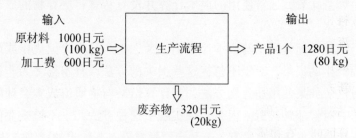

图 3 - 4　物质流成本会计计算示例

出处：中嶌、国部（2008）。

通过金额的形式对废弃物的价值进行适当评价，以激励经营者增强削减废弃物的动机，是物质流成本会计的特征。同时，在物质流成本会计中，与废弃物相关的加工费的分配比例也和产品采用相同的成本计算。这也表明，即使是废弃物也同样消耗劳动力、使用设备。因此，物质流成本会计将废弃物与产品同等对待，从这个意义上讲，产品（合格品）就是"正产品"，而废弃物相对应地被称为"负产品"。

3.5　物质流成本会计的导入步骤

在企业中导入物质流成本会计，原则上应遵循以下几个步骤：①导入对象过程的选择；②物量中心的确定；③数据收集；④完成有数据的流程图以及流量成本矩阵。

由于物质流成本会计不是对所有的生产过程都具有相同的效力，因此，在导入对象过程的选择中应将那些预测效果较高的生产过程纳入导入对象。在这种情况下，废弃物有某种程度的产出，相应地，设备、生产计划、产品设计等也应该有某种改善的余地，这对于提高物质流成本会计的实际效果是非常重要的。

一般来说，与只是对购入原材料进行组装的装配型过程相比，对材料和零部件进行加工的过程中的废弃物较容易观察到，采用物质流成本会计也较容易获得效果，且确认也较容易。另外，与加工最新材料的过程相比，对设备更新比较敏感的过程在评价设备更新方案时，物质流成本会计所提供的信息有较大的活用空间。

"物量中心的确定"就是确定物质流成本会计中的数据采集和计算区间。在物质流成本会计中，各物量中心要测量并记录输入和输出的各种物质的物量。从理论上讲，我们期望物量中心的设立将废弃物的排出作为要点。实践中，原则上是在生产中的各个过程设立物量中心，库存、检查、废弃物处理等都是设立物量中心时考虑的要点。

如果决定了导入过程，确定了物量中心的设立，接下来就要进入实际的"数据收集"。在物质流成本会计中，因为这些数据的收集要花费工时，其应该怎样实施也是一个要点。特别是在各种物质的输入输出的量不能测定的情况下，采用新的测定方法也是必要的。

如前所述，物质流成本会计是将物质输入与输出的差值尽可能地测量出来。如果通常有成品率管理，以往的平均收益率和标准值都有大致的计算数据。在这种情况下，依照前面的定义及其前提，物质流成本会计是以发现被忽视的损失为目的的。但是，计算的负担也是导入物质流成本会计时要考虑的问题，因为对应于损失产生的重要性，我们也要考虑对其测定的精确度与弹性。

另外，在数据合计时，还要以其信息为基础完成"数据流程图"，并根据此汇集成"流量成本矩阵"。二者的原型如图3-2和表3-1所示，企业的经营管理者根据"流量成本矩阵"可以明了废弃物所带来的经济损失（或废弃物的经济性），根据"数据流程图"则可以理解问题发生在哪一过程中。

3.6 物质流成本会计的实际应用

这里主要介绍物质流成本会计在企业中的实践。日本经济产业省在环境管理会计方法开发项目中实施了在企业中导入物质流成本会计的试点，并尽可能在企业中普及此方法。2002年，日本经济产业省发布的《环境管理会计方法工作簿》中，介绍了日东电工、田边制药、他喜龙、佳能等企业的实施案例。

图3-5是日本最初参加物质流成本会计导入试点的企业——日东电工基于物质流成本会计的"数据流程图"（数据已经过掩饰性处理）。日东电工在生产电子产品用胶带的生产过程中导入了物质流成本会计。这一过程，首先是生产黏合剂，然后将其涂抹在基材带上并裁切，由此生产出胶带。

图3-5中最中间的流程线表示的就是物量中心，其流程为：
溶解——批量处理——涂抹、加热——复卷（库存）——裁切——

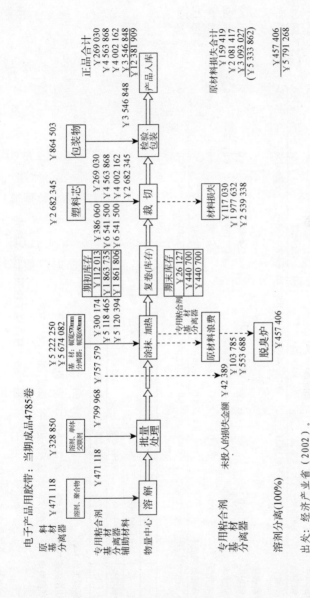

图3-5 日东电工的物质流成本图（仅为原材料成本）

出处：经济产业省（2002）。

物量中心 溶解 → 批量处理 → 涂抹、加热 → 复卷(库存) → 裁切 → 检验、包装 → 产品入库

投 入

	溶解	批量处理	涂抹、加热	复卷(库存)	裁切	检验、包装	产品入库	小 计
材料成本	¥471 118	¥328 850	¥10 896 332	¥2 930 028	¥2 682 345	¥864 503	¥0	¥18 173 177
系统成本	¥67 658	¥133 200	¥2 122 498	¥0	¥1 199 574	¥133 286	¥0	¥3 656 216
公摊费用	¥12 950	¥1 781	¥487 581	¥0	¥19 521	¥2 169	¥0	¥524 002
小 计	¥551 726	¥463 831	¥13 506 411	¥2 930 028	¥3 901 440	¥999 958	¥0	¥22 353 395

材料损失

	溶解	批量处理	涂抹、加热	复卷(库存)	裁切	检验、包装	产品入库	小 计
材料损失	¥0	¥42 389	¥1 114 879		¥4 634 000	¥0	¥0	¥5 791 268
系统成本	¥0	¥10 643	¥133 453		¥417 169	¥0	¥0	¥561 266
公摊费用	¥0	¥781	¥30 657		¥6 789	¥0	¥0	¥38 226
废弃物处理成本	¥0	¥37 833	¥38 057		¥319 243			¥395 132
小 计	¥0	¥91 646	¥1 317 046		¥5 377 201	¥0	¥0	¥6 785 892

	材料成本	系统成本	废弃物处理成本	小 计
正 品	¥12 381 909	¥3 580 726	¥0	¥15 962 635
材料损失	¥5 791 268	¥599 492	¥395 132	¥6 785 892
小 计	¥18 173 177	¥4 180 218	¥395 132	¥22 748 527

物料损失率　　　　29.8%　占总成本中损失总额的比率

裁切损失成本率　　23.6%　占总成本中"裁切"损失总额的比率

裁切损失率　　　　79.2%　占损失总额中"裁切"损失总额的比率

图 3 – 6　日东电工物质流成本矩阵

出处：经济产业省（2002）。

检验、包装——产品入库。流程线上面的数据表示投入的原材料，下面的数据表示产生的损失。对所投入的原材料物质分别进行管理，如图中左端所示的是材料项目名称（原料、基材、分离器、专用黏合剂、辅助材料等），按照不同材料的合计算出的数据表示在右端。实践中的数据流程图不仅仅反映了金额，也反映了原材料等的物量信息。

本书省略了该项目的系统成本、公摊费用和与废弃物相关的成本数据流量图，但这三种成本在物量中心的合计表上都有所反映，详见与物量中心相对应的"流量成本矩阵"（图 3 - 6）。

从日东电工的"流量成本矩阵"来看，我们可以了解到物量中心中的"裁切"过程是产生损失最多的过程，占损失总量的23.6%，这是为了生产胶带要将两端的一部分切掉而产生的损失。在设备一定的前提下，很容易理解像这样的损失是作为无法管理的对象而发生的。由于导入了物质流成本会计，不仅仅清楚了其数量，还清楚了其金额，也就是说对损失用货币金额来进行评价，这就使怎样进行设备改进投资、将会产生怎样的效果等问题的讨论成为可能，并为讨论提供了信息和数据支持。

当然，日东电工已经看到了在"裁切"这一过程中产生了多大的浪费，但在导入物质流成本会计之前，并不能明确这种损失的经济意义。因此，我们可以进一步理解物质流成本在发现被忽视的经济损失方面所发挥的重要作用。通常，它对损失的经济价值大小的再认识发挥着重要作用，这对于相信改进极限存在并积极推动改进的日本企业来说，显示出了进行新的改进的关键点。这也可以说是物质流成本会计的重要作用之一。

3.7　物质流成本会计与信息系统

从以上对物质流成本会计的讲解中我们很容易理解：不仅是

74　成本信息，原材料的输入与输出信息也很重要，物质流成本会计的运用需要很多相对应的信息。如果数据合计期间长，相对应的系统也需要变化。德国在开发物质流成本会计时，就将企业信息系统的整合作为前提，将其与 SAP、Oracle 之类的 ERP 系统进行融合，致力于能适时提供物量流信息、与废弃物相关的成本信息等的信息系统的建立。

　　此外，还有活用物质流成本会计的特殊成本调查法。所谓特殊成本调查法，是指有一定目的、只对特定期间进行成本调查，以反映经营决策的方法，这里所示的日东电工就是限定了数据合计期间。设定特定目的导入物质流成本会计，可以收集限定期间的数据，并推算出削减废弃物可能产生的效果，因而也成为诊断生产过程环境的影响的工具。日本企业导入物质流成本会计的案例很多，确定特定目标导入特殊成本调查的案例也很多，这些都可以用 Excel 数据库进行相应的计算。但是，为了在整个企业导入物质流成本会计，采用 Excel 进行的个别计算并不充分，还有必要将整个企业系统整合起来。因此，为了使物质流成本会计依据企业的整个运行系统发挥最好的效力而对信息系统进行整合，是一个重要课题。

　　例如，田边制药（即现在的三菱田边制药）将物质流成本会计与企业已经导入的信息系统 SAP R/3 结合起来，成功地将二者进行了系统化。该企业依据这一系统，使得企业在全部产品及产量方面运用物质流成本会计成为可能。同时，该企业依据物质流
75　成本会计确定了成本削减目标并实施改善计划，获得了企业共有的成果。这样之所以能够成功，是因为将物质流成本会计信息进行了系统化。而且，根据物质流成本会计来确定成本削减目标，使迄今为止被忽视的废弃物等的成本在更广泛的范围里得到认识，这也为成本改善提供了机会。

3.8 物质流成本会计的活用

物质流成本会计是将废弃物和正品同样进行测定的方法，对企业来说，在激励其削减废弃物动机的同时，也为这种方法的运用提供了重要信息。实践中，物质流成本会计在以下几个方面也有灵活运用：①设备投资条件评价；②原材料变更、产品设计变更；③生产计划变更。

物质流成本会计的特点之一就是将生产过程的假设前提全部摒弃，在实际层面进行观测和评价。因为工厂管理的很多方法是基于标准化的生产活动而构筑的，这就难免以现有设备为前提来进行讨论和评价。与之相对，物质流成本会计是从根本上将生产设备的效率性作为问题来考虑的，因而在设备投资决策方面也能发挥很大作用。如前所述的日东电工的案例中，为了削减裁切过程中的浪费，就有必要导入更小切除边角料的机械设备，其设备投资所能容许的金额则有可能由物质流成本会计计算出来。同时，在测算其成本削减效果时，修正系统成本的影响，计算投资期间的改善效果的累计值也是必要的。

76

物质流成本会计的成果之一是使人们注意到，很多时候，购入的原材料的形状是废弃物产生的一个原因。生产现场产生的废弃物，可以通过削减或剔除原材料实现废弃物减少。这样一来，废弃物越少，对保护资源也越有利。关于原材料购入的形状，也有必要和供应商协商。对于供应商来说，如果知道产品形状的改变更有利，也会对其改善；如果供应商也导入物质流成本会计，就能够计算出实施变更可能产生的价值。

另外，原材料的变更和产品设计方法是废弃物产生的第二个原因。在这种情况下，将可以从物质流成本会计获得的信息反馈给产品设计开发人员进行设计改善是非常重要的。第 2 章曾经提到，如果能够在环境友好型成本规划中运用物质流成本会计，当然是很理想的。但这要在企业内部物质流成本会计运用达到一定的成熟度后，才可能有更进一步的发展阶段。

废弃物产生的第三个原因是生产线上各个环节的切换。切换是指在同一生产线上为了变换所生产产品的种类而变更投入设备中的材料和生产方法。如果变更产品的生产种类，就有必要在此期间对设备进行清洗和试运行等，这也是废弃物产生的原因。因此，从环境友好的视角来看，人们期望尽可能不进行切换；但从生产管理的角度来看，又希望尽可能减少库存，这二者显然是矛盾的。如果在这些管理中活用物质流成本会计，将废弃物产生所增加的成本与库存增加所带来的成本增加进行比较，就能为生产计划的改善提供可靠信息。

3.9 作为现场改善工具的物质流成本会计

在企业的生产现场，通常都会进行以提高生产效率和改善成本为目的的各种活动。日本企业尤其热衷于以全面质量管理（TQM）和全面生产性维护（TPM）等现场小组为单位的改善活动，这也是日本企业拥有竞争力的源泉。同时，随着工厂层面导入 ISO14001 的推进，为达成环境目标而构建的 PDCA 循环渗透到这些现场活动中的情况也多有发生。

实际上，这些现场层面的改善活动和物质流成本会计具有相互补充的关系，通过相互合作活用来促进现场改善活动是完全可能的。在现场改善活动中导入物质流成本会计的第一个好处是，使迄今为止还没有掌握的废弃物削减活动显示出明确的经济效果。特别是人们期待由环境保护活动来进一步促进经济收益。

　　将物质流成本会计导入现场改善活动的效果之一是可以将生产线整体的各个活动单位的影响"可视化"。生产现场的改善活动具有使局部运行更加良好的功能，但也存在忽视对生产线整体把握的弱点。物质流成本会计通过对整个生产线的观察，可以将力量集中于问题所存在的方面。

　　现在，为物质流成本会计提供基本信息的系统还不能为企业的现场改善活动提供方法。因此，建立一种机制，使依据物质流成本会计所发现的问题与现场改善活动相互连结，是非常必要的。

　　佳能因为导入物质流成本会计而取得了较大的成果。佳能实施了以现场加工点为单位的环境保护活动，建立起了由物质流成本会计而明确的课题与 PDCA 循环改善相互连结的机制，其基本结构如图 3 - 7 所示。

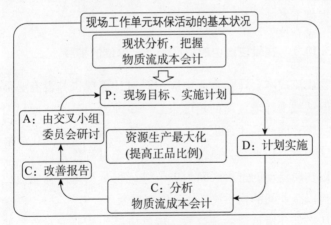

图 3 - 7　佳能现场单元的物质流成本会计

　　出处：安城泰雄："作为现场工作单元环保工具的物质流成本会计"，载《环境管理》2006 年第 42 卷第 2 号。

　　物质流成本会计通过与 ISO14001 框架的连结，不仅仅有助于减少用纸消耗、垃圾、耗电等环境改善课题，还可以与企业本身

79 降低环境负荷的活动相联系，在 ISO14001 的目标设定中也可以发挥作用。

3. 10　物质流成本会计系统扩展的可能性

物质流成本会计系统具有较好的扩展性。从扩展的方向来看，可以分为计算单位的扩展和计算范围的扩展。计算单位的扩展，从以企业为单位的考察对象来看，可以考虑将企业交易关系中的上下游都纳入其中，即沿着供应链的上下游扩展。对于计算范围的扩展，物质流成本会计的基础是将企业会计中的成本和物质的重量测定作为中心内容，如果将其与环境相关的信息相互整合，可使信息内容进一步充实。这一点，为物质流成本会计与 LCA 的整合提供了有效支持。

3. 10. 1　在供应链中的扩展：计算单位的扩展

物质流成本会计在企业中应用时对计算单位并没有必需的限定，但从减少环境负荷的角度来看，最理想的是将从原材料采购到产品废弃的产品生命周期全过程作为考察、计算的对象。实践中，LCA 就是以产品为单位将生命周期全过程作为计算、考察对象，以物质流动的过程区间为单位进行物量测定的物质流成本会计也是以企业间的物质流动作为考察对象。

从降低环境负荷的角度看，将供应链作为研究对象是非常有效的。从整个供应链中发现环境负荷大的环节，然后对其实施改善活动，也被认为是最值得期待的降低环境负荷的方法。因此，人们期待在整个供应链中实施物质流成本会计，将环境负荷和成本进行比较，将二者与现场改善实践活动相互结合。

80　　但是，将物质流成本会计在企业之间进行整合也存在困难，因为成本信息往往是一个企业的商业秘密，对此如何应对本身就是一个难题。在有交易关系的企业之间，如果是100%子公司，企业之间成本信息的共享是有可能的；但如何使成本削减的效果在交易的上下游之间也共享，还是一个需要深入探讨的问题。

关于成本信息共享，其存在的难题不只是成本信息的共享，还有成果的共享。制造业中，上游企业往往关注下游企业的生产过程，这样对本企业存在的问题容易把握，从下游企业角度来理解上游企业的生产流程，也可以发现在下游企业中废弃物产生的原因。当然，要构筑这样的合作关系，如果没有很紧密的合作，是很困难的。上游和下游企业之间相互理解彼此的物质流动，有可能为探明废弃物产生原因带来非常大的积极效果。

在有资本关系的上下游企业之间，如果有可能共享成本信息，构筑起跨越企业界限的物质流成本会计体系，能够带来更大的效果。下游企业要花费很大成本才能改善的浪费，对于上游企业来说也许只需要花费不多的成本和力气就可以做到。当然，如前所述，即使是同一资本的企业，因为各企业都有自己的利润目标和削减目标，如何通过物质流成本会计的扩展分享其成果，在最初的决策中就应该有所体现。比如，方法之一是子公司对上游企业的改善效果1年内就能从本企业的利润中得到反映，从第2年开始就可以在购入产品的价格中得到体现。

3.10.2　与产品生命周期评价（LCA）的统合：计算对象的扩展

物质流成本会计是通过把握与生产流程相关的原材料、废弃物的输入及输出的重量，在企业成本范围内对其进行测定以评价其经济性。这一方法因为能够在成本层面掌握经济重要性的大小，就有可能对其进行相对评价。但由于其与环境问题相关的只是重量信息，进行相对评价时也会受到一定的限制。

为了解决这一问题，将物质流成本会计与产品环境影响的综合评价方法进行整合是一个有效方法。就像我们将在第 4 章中所要介绍的那样，LCA 是考察产品生命周期全过程对环境影响进行评价的方法，它通过测定构成产品的各种物质的环境负荷的影响并对其进行合计来评价环境负荷的大小。这一方法在物质流成本会计中考察生产过程时，也可以简单地加以应用。

例如，可以将物质流成本会计中需要测定的各类物质的环境影响用 LCA 来进行评价，并将二者整合起来。为了调查在生产过程中所使用物质的环境影响，也可以活用由 LCA 开发出的清单数据库资料（见第 4 章）。另外，通过整合环境影响的评价方法并对其进行活用，在 LCA 中也可以对各物质以重量来进行计量，用共同的计量单位来评价环境影响程度也是有可能的。

如果用第 5 章的 LIME 方法，将这些环境影响用货币单位来进行计量也有可能实现，企业成本就可以用货币单位（计量）来评价其因环境影响而产生的社会成本。因此，物质流成本会计如果与 LIME 相互整合，不仅可以明了废弃物削减给企业带来的经济效果，也有可能把握这些活动将给社会成本带来多大程度的改善。

82　　　关于物质流成本会计与 LCA 的整合，目前并不仅限于理论研究阶段，已有试点企业开始试行。从其结果看，比起企业成本，由于环境问题而产生的社会成本较小。但是，将环境与经济用同一计量单位来进行计量，并不一定是环境经营中非常有效的方法，进一步对相关方法精细化并活用，也是有待探讨的课题。

思考题

1. 在通常的成本会计教科书中，对生产过程中产生的加工损失和折旧减值是怎样处理的？请比较其与物质流成本会计的不同。

　　2. 调查物质流成本会计在企业的实施状况，总结其在哪些企业实行、产生了怎样的效果。

　　3. 虚拟一个制造企业，用物质流成本会计制订一个成本削减和环境负荷削减双赢的商业计划。

 参考文献

1. 安城泰雄、下垣彰：『図説 MFCA マテリアルフローコスト会計』，JIPM ソリューション 2011 年版。

2. 経済産業省：『環境管理会計手法ワークブック』，載 http: // www. meti. go. jp/policy/eco_business，2002 年。

3. 國部克彦：「実践マテリアルフローコスト会計」，『環境管理』10 月号より連載（2007 年 3 月より，シリーズ継続中）。

4. 國部克彦編：『環境管理会計入門——理論と実践』，産業環境管理協会 2004 年版。

5. 國部克彦編：『実践マテリアルフローコスト会計』，産業環境管理協会 2008 年版。

6. 柴田英樹、梨岡英理子：『進化する環境会計』（第 2 版），中央経済社 2009 年版。

7. 中嶌道靖、國部克彦：『マテリアルフローコスト会計——環境管理会計の革新的手法』（第 2 版），日本経済新聞出版社 2008 年版。

8. 日本能率協会コンサルティング，見 http: //www. jmac. co. jp/mfca.

9. 広本敏郎：『原価計算論』（第 2 版），中央経済社 2008 年版。

10. ISO 14051, *Environmental Management—Material Flow Cost Accounting—General Framework*, 2011.

85

第4章 生命周期评价

要 点

　　随着人们环境意识的提高，对在经济活动中削减环境影响的关心程度也日益提高。生命周期评价（LCA）就是将产品的环境影响从生命周期的角度加以定量评估的方法。这一方法已在国际标准中规定，已经有很多企业以这种方法为工具来进行环境管理体系的构筑。本章将说明生命周期评价方法，前半部分主要介绍生命周期评价产生的社会背景，并概要说明 LCA 及其一般方法和国际标准所要求的要件；后半部分讨论推进生命周期评价的步骤和实施所产生的结果，并对结果进行分析评价。

关键词　生命周期评价　目的和调查范围的设定　特性化

加权　生命周期清单分析　系统边界　清单数据库
生命周期影响评价　正规化　生命周期解释

4.1　LCA 产生的社会背景

4.1.1　生命周期的视角

目前，全社会对由地球温室效应和化学物质等引起的环境问题的关心程度日益提高，环境友好型产品的开发也在积极推进。为了推进消费者的绿色购买行为，提供关于产品的环境信息是必不可少的。因此，如何提供信息接收者容易理解的、清晰的环境信息，对于生产者来说极为重要。

在这样的背景下，各种环境信息媒体都得到了应用。从日本环境省的调查来看，截止到 2009 年，日本已有 1000 多家企业公开发布集中反映企业环境活动的环境报告书和 CSR 报告书（见第8 章，表 8 - 1）。同时，在日本国内也有 450 多类产品注册了显示产品定量环境信息的环境标签Ⅲ（环境标志）（见日本产业环境管理协会主页）。

但是，要证明企业实施的环境活动和提供的产品是否真的能够削减环境影响，并不是一件容易的事。这里，我们可以举 2 个例子。

例 1　众所周知，作为节能汽车被广泛推广的混合动力汽车，人们期望能够在燃油费上涨的情况下，削减汽车使用对环境的影响。但是，相对于一直以来使用汽油的汽车来说，这就需要发动机和高性能的可重复使用的电池。这样一来，生产混合动力车时所产生的环境负荷可能大于生产其他汽车。要证明混合动力车在环境保护方面所具有的优势，就有必要证明：混合动力车即使在生产阶段会多产生一些环境负荷，但其在使用

86

阶段对环境负荷的削减作用更大。

例 2　2006 年 7 月 1 日，EU 开始对电子、电器产品中的特殊有害物质实施使用限制管理，即有害物质限制指令（RoHS）。据此，在电子、电器产品中不使用铅而使用无铅焊接材料等被规定为企业的义务。日本国内所有相关企业对此指令的实施，对使用无铅焊接材料的要求提出了不小的异议。因为铅作为一种有害物质，在精炼的过程中消耗的能源较少；如果改用无铅焊接材料，如金、铜等，可能将会加剧这些资源的枯竭。因而，在说明无铅焊接材料的环境影响小的同时，也有必要对有害物质和资源枯竭等各自所带来的环境影响进行权衡和比较。

87

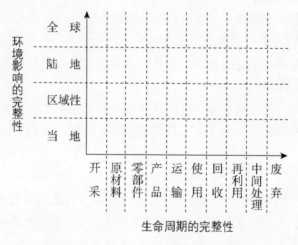

图 4 - 1　实施 LCA 要注意的两种完整性

注：由这两种完整性所保证的分析和分析结果，对于发现特别重要的领域是很有价值的。

以上 2 个例子可以用图 4 - 1 来简要表示。这也意味着我们需要从重视生命周期和环境影响的完整性的角度来对其进行评价：①不能只注意产品的特定过程，还要围绕与产品相关的所有过程来考察，即主要产品生命周期整个过程的环境负荷，包括资源的采掘和产品的废弃阶段；②不能只关注产品特定的环境影响，而要对其进行综合性评价，对于不同种类的环境影响要进行合理的比较。

4.1.2　什么是 LCA？

生命周期评价（LCA）是对产品及其环境影响从生命周期的视角加以定量分析并进行综合评价的方法。运用此方法，可以对前面所举的 2 个例子进行合理的解释，并将其结果简单明了地传达给人们。 88

LCA 从 1980 年代在欧美开始兴起，日本国内 1993 年开始在 ISO 推广中关注并使用这一方法。现在，该方法不仅仅在制造业应用，也推广到了服务业、农林水产业等所有领域，并在这些领域中得以活用。本章在说明 LCA 概要和一般步骤后，将对产品生命周期全过程的环境负荷进行测定和计算，并将其运用于例 1 来说明其结果。同时，也对例 2 进行回答，以展示 LCA 的活用及其价值。目前，环境影响的评价方法特别是为了评价而对环境影响进行整合后再进行评价的方法已经超越了 LCA 的框架，进行经济分析和环境效率分析的案例也有所增加。本书将在第 5 章讲述环境影响评价方法，在第 6 章对环境影响评价方法的应用进行说明。

4.2　LCA 概要和一般步骤

4.2.1　LCA 实施四步骤

LCA 方法指南被收录在 ISO14040 系列中，由 4 个国际标准

（IS）和2个技术报告（TR）组成。在ISO14040中，规定了LCA的基本实施程序，其由以下四个步骤构成：

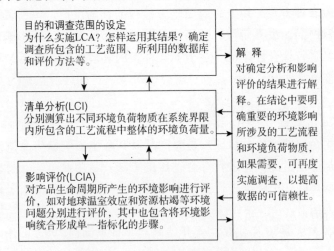

图4-2　LCA步骤和各阶段的内容

出处：ISO14040中表述的变更。

（1）目的和调查范围的设定（ISO14040，14044）。即设定进行评价的范围和目的。目的包括：①结果的用途；②进行调查研究的理由；③设定报告的接受或交付对象。在这样的基础上，确定调查方针。这一程序，在ISO中作为特别重要的程序进行了规定。调查范围的设定是决定作为研究对象的环境问题和生命周期阶段，并以此决定所要采用的具体方法。

（2）清单分析（ISO14040，14044）。考察评价对象对环境排放的和从环境中获得的投入等所产生的环境负荷。例如，需要计算从资源开采到废弃全过程中所排放的CO_2和所投入的石油的量。求出包含在基本的评价范围中的每一考察单元过程的数据。这些数据的收集和解析，是进行LCA评价过程中最需要花费时间的。

（3）影响评价（ISO14040，14044）。对于相应的环境负荷，

怎样评价其所发生的环境影响？从要素来划分，大致可分为基本 90
要素和任意要素。前者对造成如地球温室效应、酸雨等问题的环
境负荷进行分类，以及对该类物质所涉及的环境影响进行评价
（即特性化）。后者是对所产生的影响领域进行分组并对影响领域
统合后进行单一指标化（加权）。在 ISO 体系中，实施 LCA 时对
前者都要求加以评价。并且对编目细分也进行的评价被称为"生
命周期清单分析"（LCI）。

（4）解释（ISO14040，14044）。即对所得到的结果进行分
析，弄清楚其所反映的问题。同时，要验证评价结果的全面性和
可信程度。对可能存在的对达成目标并不充分的数据，也可能有
必要对特定的环节进行重新调查等，这就必须再次设定调查范围
并进行清单分析，重新进行调查。

图 4-2 所表示的是各个步骤的相互关系和主要内容。图中所表
示的 4 个阶段是来自 ISO14040～14043 的 4 个主要标准，均已作为
国际标准公开发布。另外，LCA 的数据格式（TS14048）、清单和环
境影响评价事例也分别在 TR14049、TR14047 中列出。为了使深奥
的国际标准更容易理解，TR 是非常重要的。而且，这些标准在日本
工业标准中都有所规定，能够通过日文译文来确认相关内容。

4.2.2 达到目的的方法

这是指为了对应于评价者的目的，要设定调查方法、调查对
象和范围等，LCA 本身具有高度的自由度，而且也可以称为具有
很高通用性的方法。但另一方面，也可能发生由实施者独自设定
但第三者难以认可的情况。所谓国际标准，就是实施 LCA 的一般 91
方法所必须满足的最低条件，所表现的基准是实施者都应该遵守
的国际通用标准。作为环境沟通工具，LCA 能够获得社会的公认，
因而具有重要的社会意义。

4.3 定义实施 LCA 的目的与调查范围
——目的和调查范围的确定

在本章中，为了更具体地表示 LCA 的实施步骤，将以具有代表性的包装容器——铝罐为例，来介绍 LCA 的实施方法。这里所使用的数据是真实的数据，希望人们能够注意到由实际数据的不同所产生的环境负荷的不同。

4.3.1 定义目的

首先，确定实施 LCA 的目的。LCA 所指向的目的，因怎样设定目的实施调查、数据的种类、采用的评价方法和结果表现方式等的不同而有所不同。调查者要充分注意到这一点，要充分考虑怎样确定自己实施 LCA 的目的，并明确进行定义。

国际标准实际上规定了最底线，以下三个项目是关于目的定义的必要内容：①进行调查研究的理由；②评价结果的用途；③报告的接受对象。

以下以对铝罐所进行的调查为例：

近年来，人们对地球温室效应的关注度越来越高，作为生产包装容器的公司也在积极寻求减少地球温室效应的对策，本调查就是为了回应这样的社会要求而进行的。我们的目的是评价本公司生产的铝罐在整个产品生命周期中对地球温室效应所产生的影响，以便掌握铝罐的环境负荷现状。

所得出的结果，将作为重要信息，用于评价为了有效削减环境负荷而采取的对策是否得当，并将灵活应用于企业内部的相互协作。今后还计划用于本公司环境友好型产品的开发，用于对外的环境信息公开等，以提高本企业作为环境先进企业的地位。

对上述例子中所记述的三个项目，可作如下对应：

（1）进行调查研究的理由：接受来自社会的要求，对本企业生产的铝罐在其生命周期中对地球温室效应所产生的影响进行评价，掌握铝罐的环境负荷现状。

（2）评价结果的用途：用于为制定削减环境负荷的政策、方法的讨论，为相关活动提供信息。

（3）报告的接受对象：企业内部协作使用以及今后对外广泛公开。

4.3.2　确定调查范围

在确定目的之后就要确定调查范围。这里，对产品生命周期，需要确定对其的评价终止于哪一个流程环节，并以确定的过程为评价对象。从产品的工艺流程中明确的 LCA 所实施的范围被称为 LCA 的系统边界。图 4-3 所示就是铝罐的工艺流程和 LCA 的系统边界。

从图中可以明确铝罐的生命周期包含从矿产资源开采到原材料生产、容器制造、填充、流通及废弃的全过程。一般所说的产品生命周期都是指从资源的开采到回收、到废弃的过程。但是，这里所显示的并不包括回收环节的评价，只要其与评价者的目的相吻合也是可以的。在这种情况下，如果评价系统的界限不包括再生利用这一环节，应在报告书中予以注明，以免数据在使用时可能会在回收及其再利用等方面产生争议。

另外，调查范围的确定不仅仅要注意考察时的系统边界，还要考虑所考察对象的环境负荷物质和所涉及的环境问题的种类，并决定相应的分析方法。表 4-1 所显示的例子就是去除了系统边界这一因素的调查范围。

93

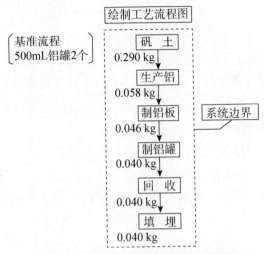

图 4－3　铝罐生产工艺流程和质量流量

注：此处数据不同于实际数据。

　　如前所述，对特定的分析对象要关注其特定产品的功能，即使产品的种类相同，其功能也是多种多样的；由于功能不同，产品的使用量也会有变化。比如，铝罐的容积如果不同，即使是同类产品也应分别进行评价。所谓功能单位，是指被评价的产品所被要求表现的功能的数量。所谓标准流量，是指满足这一功能单位所需要的产品的数量。因此，标准流量的设定可分为两个方面，即产品功能设定和功能单位设定。比如，就这种铝罐而言，产品所具有的功能是相当于一个能保存 500mL 液体的容器，功能单位若是要保存 1L 饮料的情况，标准流量就是 2 个铝罐。

$$标准流量 = \frac{功能单位}{每单位产品的功能} = \frac{1L}{500mL/个} = 2 个 \qquad (4-1)$$

表 4 – 1　铝罐的 LCA 调查范围示例

所评价环境问题的种类	地球温室效应、酸性化
评价对象物质	CO_2、NO_X、SO_2
环境影响的评价方法	地球温室效应：GWP（全球变暖潜能值） 酸性化：DAP（考虑酸性物质的沉降量的酸性化指数）
机能单位	1L 饮料的保存和提供
标准流量	2 个 500mL 的铝罐
界　限	*再利用在本评价之外。为了评价由于再利用而减少的环境影响的效果，有必要通过追加其他流程来实施调查。 *本次利用的数据是根据该企业已对流程特性化后的数据计算出来的，不是日本的平均数据。 *工厂内的数据采用一年内的数据，因而也不反映一年以前的状况。

注：CO_2：二氧化碳；NO_X：氮氧化物；SO_2：二氧化硫。

4.4　测算环境负荷量——清单数据库分析

在前面的内容中，我们将 LCA 分为多个步骤，它所显示的是按国际标准所规定的一般性方法。但是，ISO 中并没有详细表明 LCA 在具体实施过程中所必需的数据种类。因此，实施者在进行 LCA 时要自行设计产品流、自行收集数据并进行详细计算。本节中，以 LCA 的清单分析为对象，对产品生命周期的环境负荷测算方法进行概述。

4.4.1　环境负荷的测算方法

在此，我们将 2 个 500mL 的铝罐作为标准流量单位进行分析。标准流量单位设定好以后，就需要描述铝罐的生命周期流程。铝的生产分为铝矾土生产和电解铝精炼，为了简化流程，将铝的生产表现为一个环节。原材料的购入、加工和制造是铝罐生产的上游流程；从消费、回收到填埋是下游，也被称为静脉流程。图4-3所表示的流程均纳入了这次评价活动的调查范围。如果设定了评价系统的边界，就需要求解质量，即求解构成产品生命周期中的中间产品、原材料等物质的质量流量。质量数据的获得，要考虑从各个环节得到的产品的质量和成品率。

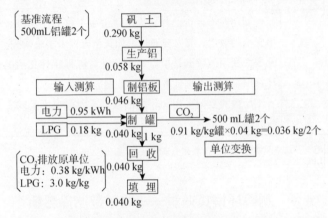

图4-4 制罐工艺中环境负荷的测算和每单位环境负荷的换算

注：此处为假设数据，与实际有差别。

如果能够描述清楚系统边界和质量流量，就可以求出各个环节的环境负荷。环境负荷的计算从哪个工艺流程环节开始较好？通常来说，在自己公司进行的、由自己公司所能控制的流程能够获得最好、最可信赖的数据。以图4-4为例，就是集中于制罐工艺流程的考察。从工厂获得的数据看，我们可以明白：生产1个单位（如1kg）的铝罐，分别需要用电0.95kWh，需要LPG（液化天然气）0.18kg。从这些输入的数据可以计算所产生的环境负荷。就CO_2而言，发电和燃料生产、消费时使用燃料等都会由于

碳的氧化而产生出 CO_2。1 个单位的电力、燃料消费所伴随产生的环境负荷，以 CO_2 来计算的污染物的排放量在各种文献中都有公开的数据。运用这些数据就可以得出制造 1 个单位的铝罐所产生的 CO_2 量是 0.9kg。在这次计算中，2 个 500mL 的铝罐重 0.04kg，其环境负荷的计算就可以将数据转换成 2 个 500mL 铝罐的数据，即 CO_2 的排放量是 0.036kg/2 个。

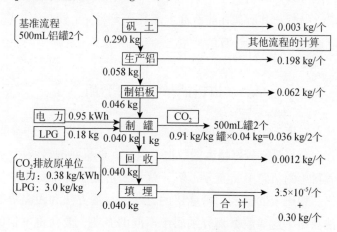

图 4 - 5　生命周期整体的环境负荷测算

注：此处所示数据与实际数据不同。

4.4.2　清单数据库分析的意义

这里，不仅仅要计算制罐工艺，还要计算系统边界内包含的所有工艺，最后将这些结果进行合计，才能算出产品生命周期全部的环境负荷量，如图 4 - 5 所示。这一结果可以与钢罐、PET 瓶等其他包装容器进行比较，其重要之处在于：可以使我们获得如果要削减铝罐的环境负荷应该注意哪一工艺或环节的重要信息。从这个例子来看，为了削减铝罐的环境负荷，提高铝罐生产工艺的效率是应该优先考虑的问题。19 世纪后半期以来，铝的生产一直使用的是霍尔－埃鲁电解法，如果考虑对工艺流程进行改良，通过提高回收率来提高再利用率，通过薄型化和提高强度来削减一个铝罐所使用的原材料量等，都可能成为有效削减铝罐环境负荷的良策。

我们再来说明以铝罐为对象计算的 CO_2 排放量。运用同样的路径，也可以计算出其生产过程中的 NO_x、SO_2、PM 等排放物的排放量，另外，其所消耗的石油、煤炭、天然气、铁和铝等资源，都可以通过清单分析计算消耗量。

4.5　进行清单数据库分析

从对铝罐生产所进行的分析看，人们有理由期望在本企业工艺过程中获得具有较好精度的数据。但是，如果对制罐所用的铝、电、燃料等的信息不能充分了解，就无法清楚了解产品生命周期的脉络。铝矾土的购入、精炼铝的方法、运输方法和距离等数据也无法获得。这些数据都分别属于不同的企业，要获得可信的数据很费功夫。

铝罐所涉及的材料、燃料的种类还是比较少的，而洗衣机、电冰箱等家电产品涉及上百种原材料，复印机等复杂的产品可能涉及上千种原材料，汽车等更是涉及上万种原材料和零部件。如果对所有这些零部件和原材料都独自收集、调查相关信息，花多少时间可能都不够。即便能收集到数据，如果不进行及时的分析，那些数据也可能因过时而失效。

实施者要迅速进行 LCA 实践，用好的清单数据库才会有好效果。迄今为止，已公开了以国家或一些专门机构为中心的各种数据库。在日本，除了 LCA 日本论坛管理的清单数据库以外，还有国立环境研究所和物质材料研究机构公开的基于产业关联分析的数据库。日本论坛的公开数据是经过日本工业界各企业授权的企业的环境负荷数据，是代表性很高的数据，也是很宝贵的数据。但是，由于它还不能覆盖在日本生产的所有材料和产品的数据，实施者在使用时为了避免环境负荷计算过小，多数情况下有必要进行追加讨论。基于产业关联分析的数据，从其分析的特点来看，因为包含了所关联的全部前期工艺过程，应该说是包容性很好的数据。另外，它还对产品品目进行大致划分并假设含同类物质的产品的价格与环境负荷存在比例关系。比如，价值 100 万日元的电视机所排放的 CO_2，其环境负荷并不因阴极射线管、液晶屏或等离子显示器等成像原理不同而有所不同。因此，对实施者来说，需要充分把握这些数据的特点并加以灵活运用。同时，还应充分认识到适当地、有效地运用 LCA 的基本条件。

4.6　评价潜在的环境影响

4.6.1　生命周期影响评价

上面以 CO_2 为对象，对清单分析流程进行了说明。CO_2 的确是导致地球温室效应的主要因素，但是在铝罐的生命周期中，还有与环境负荷相关的其他物质。如原材料铝矾土的使用，电解精炼铝时所消耗的石油、煤炭、天然气等，发电时向大气中排放的 SO_2、NO_x、PM 等，运输中所产生的 NO_x 及其 DEP（柴油机所排放的废气）。由于精炼铝矾土时会产生大量的浮渣，因此也就需要有固体废弃物管理的重要对策。通过清单分析能够知道，这些种类多样且各不相同的环境负荷物质涉及数十或数百种。对这些庞大的清单分析数据结果进行解释，有时候也是比较困难的。

生命周期影响评价（LCIA）步骤是为了评价环境负荷的产生对环境造成了多大程度的影响，一般正式称之为生命周期影响评价，简称为影响评价。实施 LCIA，能够从大量存在的环境负荷物质所带来的环境影响这一视角，提供削减环境负荷物质的项目参考。

100 ### 4.6.2 LCIA 的实施步骤

图 4 - 6 所示是 ISO14044 中所规定的 LCIA 的一般实施步骤，由分类化、特性化、正规化、分组、加权计算等多个步骤综合而成。其中，以特性化和综合化来作为 LCIA 结果的较多。特性化如图 4 - 6 所示，分别评价环境负荷物质对地球温室效应、臭氧层破坏、酸雨等环境问题的潜在影响。

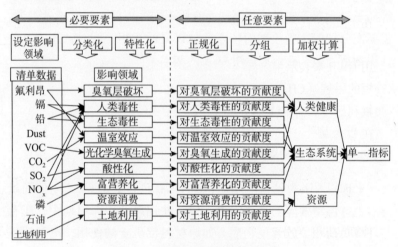

图 4 - 6 生命周期影响评价流程

注：Dust：浮游颗粒物；VOC：挥发性有机化合物。

出处：ISO14044.

比如，在评价地球温室效应时就要用到全球变暖潜能值（GWP）。GWP[1]是指辐射强制力，是物质产生温室效应的指数。

---

〔1〕 某种物质的全球变暖影响可以采用 "全球变暖潜能值（GWP）" 进行量化。GWP 采用 CO_2 作当量，设单位 CO_2 的 GWP 为 1。——译者注

它以能够吸收来自地球的红外线的所有温室气体作为研究对象，并将其与基准物质 CO_2 作对照，计算出该环境负荷物质的 GWP。

101

$$GWP\ (x) = \frac{\int_0^{TH} a_x[x(t)]dt}{\int_0^{TH} a_r[r(t)]dt} \qquad (4-2)$$

公式中，a_x 是温室气体 x 的辐射强制力（W/m^2），$x(t)$ 是指其在经过时间 t 内存在于大气层中的寿命，TH 是积分区间。

在上面这个公式（4-2）中，根据积分区间的设定不同，GWP 也是不同的，LCA 中通常采用 100 年为求值区间。表 4-2 中是用 GWP 来表示主要温室气体。从计算来看，在大气层中寿命比较短的甲烷（CH_4）的 GWP 是 23，而在大气层中比较稳定的气体如氟利昂（CFC-11）是 4600，其 GWP 值明显高出很多。

在 LCIA 中，还要用清单数据相乘，对特性化进行评价。

$$CI_i = \sum_s CF_{s,i} \times LCI_s \qquad (4-3)$$

计算结果称为分类指标（CI_i），i 是在 i 个影响领域中分别获得的。特性化系数（$CF_{s,i}$）是对各影响领域设定的各类环境负荷物（s）。在考虑地球温室效应时，GWP 和 CF 是相当的。像这样将预先设定的特性化系数乘以清单数据（LCI_s），再将得到的结果进行合计就能计算出特性化数据。

4.6.3 特性化和综合化

特性化是指像 GWP 等数值一样，根据自然科学领域的知识算出系数并加以利用。在进行特性化处理时，要进行较高的精度和

102　　　　　　　　　　表 4 - 2　主要温室气体所对应的 GWP 一览表

温室气体	化学式	积分区间		
		20 年	100 年	500 年
二氧化碳	CO_2	1	1	1
甲烷	CH_4	62	23	7
一氧化氮	N_2O	275	296	156
氟氯化碳类（CFCs）				
CFC - 11	$CFCl_3$	6 300	4 600	1 600
CFC - 12	CF_2Cl_2	10 200	10 600	5 200
CFC - 13	$CClF_3$	10 000	14 000	16 300
CFC - 113	$C_2F_3Cl_3$	6 100	6 000	2 700
CFC - 114	$C_2F_4Cl_2$	7 500	9 800	8 700
CFC - 115	C_2F_5Cl	4 900	7 200	9 900
氟氯烃类（HCFCs）				
HCFC - 21	$CHCl_2F$	700	210	65
HCFC - 22	CF_2HCl	4 800	1 700	540
HCFC - 141b	C_2FH_3Cl	2 100	700	220
HCFC - 142b	$C_2F_2H_3Cl$	5 200	2 400	740
HCFC - 123	$C_2F_3HCl_2$	390	120	36
HCFC - 124	C_2F_4HCl	2 000	620	190
HCFC - 225ca	$C_3F_5HCl_2$	590	180	55
HCFC - 225cb	$C_3F_5HCl_2$	2 000	620	190
HFC - 23	CHF_3	9 400	12 000	10 000
HFC - 32	CH_2F_2	1 800	550	170
HFC - 41	CH_3F	330	97	30
HFC - 125	CHF_2CHF_2	5 900	3 400	1 100
HFC - 134	CH_2FCF_3	3 200	1 100	330

续表

温室气体	化学式	积分区间		
		20 年	100 年	500 年
氢氟碳化物（HFCs）				
HFC – 134a	CHFCF$_3$	3 300	1 300	400
HFC – 143	CHF$_2$CH$_2$F	1 100	330	100
HFC – 143a	CF$_3$CH$_3$	5 500	4 300	1 600

出处：《IPPC 第三次报告》。

信度的检验，以便得到影响领域的项目数；在影响领域之间得出相反结论、有制衡关系产生的可能性也是存在的。综合化是将各种指标的环境影响结果用单一指标来表示的步骤，对涉及多方面的环境影响进行直接比较。其结果简单明了，用于企业 CSR 报告书中的事例很多。

103

　　ISO14040 中，将基于自然科学知识进行评价的要素（如特性化等）作为必要要素，而将其过程中所包含综合化等的要素作为任意要素。也就是说，在进行 LCA 评价时，必须进行特性化分析，而综合化则可根据实施者的需要而考虑是否进行。环境影响的综合化方法，不仅仅在 LCA 中使用，而且在环境效率、成本效益分析等各种分析方法中都有所运用。后面的第 5 章和第 6 章将分别对此进行说明。

4.7　重要事项的提取和数据检验：结果解释

4.7.1　生命周期解释

　　根据如上所说的清单分析和影响评价得出重要特定问题的同时，还需要对所采用数据的精度和代表性结果进行解释/检验。这种解释被正式定义为生命周期解释（以下简称"解释"）。比如，这次分析使我们明确了从铝矾土原料到铝罐生产的工艺流程是非常重要的环节，对这一过程的数据进行再调查会起到提高 LCA 结果的可信赖性的效果。例如，将铝的生产流程细化分析，分解为从铝矾土原料到矾土和从矾土到精炼铝两个主要过程，分别对其进行评价，可在提高其可信赖性的同时，更加明确减少环境负荷的对策，如图 4－7 所示。

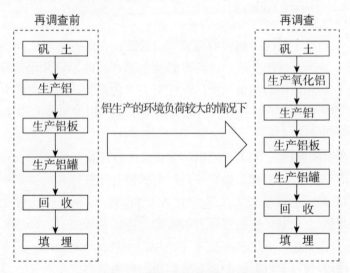

图 4－7　重要工艺流程的再调查

注：在铝生产的环境负荷较大的情况下，将该流程细化，能够明确主要工艺的特性。

　　对结果的解释，也包含着有关数据的感知度分析和不确定性分析等方法。对数据的感知度分析，在这次的分析中设计了假定和改变参数，来检验其对 LCA 的结果将产生多大影响。比如，如果改变铝罐的生产地区，原料的运输距离也将变化。由于地区不同，电力公司也不同，而不同的电力公司的发电站也不同，生产每单位电力所产生的环境负荷也不同。这样一来，由于生产地区

不同，对铝罐的评价结果也会有所变化。另外，由于生产技术的
不断进步，最新获得的数据和 5 年前获得的环境负荷的数据也可
能不相同。由于存在这些能够预想到的差异，从评价结果而导出
的结论是否会发生变化，也就需要检验。比如，即使将 5 年前的
数据和最新的数据进行比较，也显示精炼铝所产生的环境负荷大，　105
那么时间差异对从 LCA 结果得出的结论并不产生很大的影响，我
们就可以集中精力来进行其他主要参数的感知度检验和提高可信
赖性的调查工作。

4.7.2　小结

至此，对从目的和调查范围的设定，到清单分析、影响评价、
解释等的实施步骤和方法进行了概述。即使从目的和调查范围的
设定到解释能一连串地顺利实施，也不意味着 LCA 过程的完成。
对于对结果的解释和由结果导出的结论来说，如果要弄清重要的
工艺流程和参数，对这些数据再次进行调查并对所反映的结果再
次进行清单分析、再次进行影响评价分析等，对于为了提高可信
赖性和精度、得出更具有说服力的结论而进行的检验都是非常重
要的。

通过这样的步骤得出的结论等，企业应在报告书中进行记录
并告知相关方。为保证结果的可信赖性，还要进行关键的、重要
的评论。

本章对 LCA 的特征及实施方法和步骤进行了说明。1990 年代
后半期，对日本国内各产业界的案例研究都很活跃，同时以各相
关政府部门为中心的数据库建设也在讨论中。与 LCA 最初受到关
注相比，这些调查研究成果的积累，使实施 LCA 需要的基础数据
大部分也得到升级、整理。另一方面，数据库所载入的材料和产
品数据中，也存在着环境负荷物质不完整、具有不确定性等不足，

还有很多没有解决的课题。因此，日本国家及相关研究机构，都期待以先进企业为中心的研究开发能够得到更好的推进。

思考题

1. LCA 方法因其特点可以灵活使用，不只限于企业内部使用，其结果也用于对外公开的报告，请分别从企业内部和外部的视角，对 LCA 的广泛运用进行评述。

2. 运用 LCA，对在卫生间使用的以下物品进行评价，如纸质毛巾、棉质毛巾、烘干机等。为了对这些物品进行评价，需要注意哪些基本点？请运用产品功能、功能单位、标准流量等术语，特别是功能单位和标准流量，列举出具体的数字并进行说明。

3. 环境影响的评价方法被分为特性化和综合化等多个步骤。这些步骤在国际标准中有明确区分，同时又作为国际标准的步骤而得到认可。请思考这样处理的理由。

4. LCA 并不是万能工具，请对 LCA 使用的界限进行整理和说明。

参考文献

1. 国立環境研究所ホームページ：「産業関連表による環境負荷原単位データブック（3EID）——LCAのインベントリデータとして」。

2. 産業環境管理協会ホームページ：「エコリーフ環境ラベル」。

3. 産業環境管理協会ホームページ：「LCA 日本フォーラム，LCAデータベース」。

4. 物質材料研究機構ホームページ：「エコマテリアル設計者・開発者のためのデータバンク，予備的 LCAのための4000品目の環境負荷」。

5. European Union, *Directive 2002/95/EC of the European Parliament and on the Council of 27 January 2003, on the Restrictions of the Use of Certain Hazardous Substances in Electrical and Electronic Equipment*, 2003.

6. ISO 14040, *Environmental Management*: *Life Cycle Assessment-Principles and Framework*, Geneva, 1997.

7. ISO 14041, *Environmental Management*: *Life Cycle Assessment-Goal and Scope Definition and life Cycle Inventory Analysis*, Geneva, 1997.

8. ISO 14042, *Environmental Management*: *Life Cycle Assessment-Life Cycle Impact Assessment*, Geneva, 2000.

9. ISO 14043, *Environmental Management*: *Life Cycle Assessment-Life Cycle Interpretation*, Geneva, 2000.

111

第5章 环境影响的综合化评价方法

要点

　　环境影响，包括地球温室效应、臭氧层破坏等全球性问题，也包括废弃物和富营养化等局部发生的各种问题。因此，能够尽可能地覆盖这些影响并给予解释和可信评价的综合集成技术，一直受到人们的重要关注。现在开发的各种方法，适用于不同的情况，已经提出多种具有综合性、集成性的方案，也都各有长短，使用时都应充分理解和重视。本章的内容，希望为使用者结合使用目的选择具体方法提供必要的指导。本章的前半部分进行分门别类的介绍，并列出各自的主要特点；后半部分集中于 LIME 这一反映日本国内环境特点的方法，对其构成和方法论进行主要说明。

关键词　物质比较型　环境稀有性评价法　JEPIX　问题比较型　生态指标95　损害测算型　生态指标99　EPS　Extern E　CVM　LIME　联合分析法

5.1　环境影响综合化方法的特征

5.1.1　环境影响综合化方法被关注的背景

在我们身边存在着各种各样的环境问题。除了经济高速发展带来的大气污染和水质恶化等局部环境问题的显性化，还有地球温室效应和臭氧层破坏等具有全球性质的环境问题。引起这些问题的根本原因是资源消耗并可能带来资源枯竭。当我们将环境改善作为目的进行产品和系统规划时，通常将缓解特定的几种物质和环境问题作为目标。但是，当该产品涉及对环境整体的影响，或是涉及其他环境问题而产生更大的负面影响时，如将其中的重要因素作为改善对象，其本身可能变得毫无意义。如第 4 章所讲到的生命周期影响评价（LCIA），如果其特性化存在 10 个以上的环境问题，要分别给予评价时，其特性所显示的结果对哪个环境问题的影响是相对重要的？在这些环境问题之间需要进行权衡时又应该怎样应对？……对这些问题，LCIA 都无法回答。

不仅仅是环境领域的专家，即使是企业内部的决策者，仅根据这样的环境评价结果进行经营决策也会有一定的难度。同时，企业自身如果为了扩大环境先进企业的影响力，也需要以容易理解的方式提供给消费者、交易方相关结果数据。这样一来，能够将各种环境指标综合统一为单一指标的综合方法就显得十分重要和便利，比如统一用"日元"来表示。

作为产品特性而需要测定的要素，当然不只是环境友好性，还要考虑其经济性、安全性、使用的方便性、设计的美观性等各个方面，需要选择综合指标对产品的所有这些要素进行解释。环境方面只是产品特性的一个要素，如果能用与环境有关的单一指

112

标来表示，对产品的其他特性进行综合分析就要容易一些。近年来，人们将环境会计、环境效率、环境友好设计、生命周期管理等环境特性与产品特性的其他方面相结合，研究评价的方法体系，这些工具也被作为环境影响的综合化评价方法而广泛运用。

113　　对环境影响进行综合化评价有以下优点：一是结果用单一指标表示，不会产生相互冲突或需要权衡的关系；二是容易进行解释或说明，有利于用环境报告书等方式传达环境信息；三是能够在环境会计、环境效率等其他环境评价工具中使用。

考虑到这些方面，人们开发出多种综合化的评价方法，我们将对主要的综合化评价方法进行介绍。

5.2　主要的环境影响综合化评价方法

5.2.1　综合化评价方法分类

LCIA 的实施顺序在 ISO14044（2000）中已经作了规定，综合化被作为 LCIA 的实质性的最终阶段而加以定义。综合化评价方法的开发是在 LCA 被广为关注的 1990 年代的前半期开始进行的，这期间，人们提出了多种方法，可分为以下三大类型：①物质比较型；②问题比较型；③损害测算型。

图 5-1 对这三种类型进行了比较，下面分别对其特点进行说明：

5.2.2　物质比较型

即对环境负荷物质如 CO_2、NO_X、石油等通过分别设定加权系114　数的方法进行评价。这里，主要列举 DtT（Distance to Target：目标与现状差别）法和替代指标法。

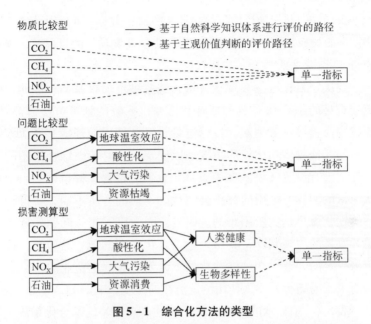

图 5 – 1 综合化方法的类型

注：物质比较型和问题比较型中主观价值判断的公共域广，比较的项目也较多。损害测算型中主观价值判断的公共域窄，进行加权的项目数也较少。

（1）DtT 法。对环境负荷物质分别设定目标数值，根据现状与目标的偏离程度来设定加权系数。其目标值就是环境基准值，现状值可以是大气中该物质的浓度等。Eco-scarcity 法（环境稀有性评价法，1997 年）与 JEPIX（日本环境政策优先指数，1998年）也包含在内。这些方法将环境负荷物质的现状值与目标值的平方相除的结果设定为加权系数。在计算环境影响评价时，用编目数据（也称为清单数据）乘以加权系数，如公式（5 – 1）所示。

$$I = Inv._s \times WF_s \times \left(\frac{1}{\text{目标流量}_s} \times \frac{\text{现状流量}_s}{\text{目标流量}_s} \right) \qquad (5-1)$$

115

公式中，$Inv._s$ 为环境负荷物质 s 的清单数据；WF_s 为环境负荷物质 s 的加权系数；目标流量 $_s$ 为环境负荷物质 s 的目标值；现状流量 $_s$ 为环境负荷物质 s 的现状值。

要决定目标流量和现状流量，就要决定加权系数，因此，设定较容易的综合化系数会更有利，加权系数的计算方法越简单，也越容易让第三方理解。目标流量是经常使用的环境基准，不仅要从与其他物质相比较的角度加以确定，还要考虑综合运用的适用性，没有设定环境基准的项目，也不能包含在评价中。由于现状流量的测算所采用的数据会因地区不同而有所不同，要得到统一的现状流量是比较困难的。而且，因为应对相关问题要依靠方法开发者的主观判断，其结果是综合化系数的随意性较高，这也带来一定的问题。在这样的背景下，人们在测定企业的环境表现时所采用的指标并不太使用测定潜在的环境影响的 LCA 方法。

表 5 – 1 中显示的是 Eco-scarcity 法和 JEPIX 的综合化系数。如果要运用这些数据，如公式 5 – 1 所示，能得到编目数据与相对应的综合化系数的乘积是比较好的。

116

表 5 – 1 Eco-scarcity 法和 JEPIX 的综合化系数（部分）

	Eco-scarcity	JEPIX
单位	EIP/kg	EIP/kg
CO_2	0.2	12.8
CFC – 11	2000	429 282
NO_x	67	676
SO_2	53	–
PM10	110	5053
COD	5.9	3272
T – N	69	7393

	Eco-scarcity	JEPIX
T – P	2000	84 428
废弃物	24	9. 9

注：（1）EIP: Environmental Impact Point；

（2）与输入（资源消耗）物质无关的综合化系数。在 JEPIX 中，SO_2 只大致遵守日本国内的环境基准，因而没有设定综合化系数。

（2）替代指标法。对于不能直接计算的环境影响，将其潜在的环境影响用其他指标的量度来表示，如能源消费量、资源消费量、土地面积改变值等。在以单位服务量物质强度（MIPS）作为评价对象时，用产品的原材料使用量来表示潜在的环境影响（Schmidt-Bleek，1997），用累积能源消费量（CED）来代替整个产品生命周期中所消耗的能源量（Röhrlich et al.，2000）。生态足迹就是为了规避环境影响的发生，作为能够持续地提供资源或消纳废物的、具有生物生产力的地域空间的指标而被人们采用（Wackernagel and Rees，1996）。从这些方法中得出的结果可以用物理单位来表示，比如吨、兆焦耳、平方米等，因为容易理解而便于沟通。现在，不只是 LCA，要素和环境容量的评价等也在各个方面得到运用。但是，因为不评价实际的环境影响，其结果就不能检验潜在的环境影响是否存在，这也成为国际标准 LCA 法不被采用的理由。因此，在实践中 LCA 法并没有得到充分的运用。

5.2.3　问题比较型

117

问题比较型方法也是通过对环境问题分别设定加权系数来研究问题的方法，这里主要列举 DtT 法和合议法。

（1）DtT 法。DtT 法对加权系数的考虑与物质比较型相同。为了获得不同环境问题的目标值和现状值的比，需要采用加权系数。

生态指标 95（Goedkoop，1995）较有代表性，另外，也可以关注其他多种方法。在生态指标 95 中，是按公式（5 - 2）来进行环境影响评价的。

$$I = Inv._s \times CF_{impact,s} \times \frac{1}{NV_{impact}} \times WF_{impact} = E_{impact} \times \frac{1}{NV_{impact}} \times \frac{NV_{impact}}{T_{impact}}$$

$$(5 - 2)$$

公式中，$Inv._s$ 是环境负荷物质的清单数据；$CF_{impact,s}$ 是受影响领域 $impact$ 环境负荷物质 s 的特性化系数；NV_{impact} 是影响领域 $impact$ 的标准值；WF_{impact} 是影响领域 $impact$ 的加权系数；T_{impact} 是影响领域 $impact$ 的目标值。

计算过程如下：

首先是分别对已特性化的影响领域进行环境影响评价；然后将这些结果标准化后得出标准值，即由特性化系数和环境负荷物质的年度排出量（$AE_{impact,s}$）的加总得到。

$$NV_{impact} = \sum_s (CF_{impact,s} \times AE_{impact,s}) \qquad (5 - 3)$$

因为 E_{impact} 和标准值维度是相同的，通过标准化可以实现量纲统一。

接下来，将其结果乘以加权系数而得到单一指标。

本方法中，公式（5 - 2）中 NV_{impact}/T_{impact} 显示的是现状值和目标值的偏离，相当于加权系数。此方法与 Eco-scarcity 方法的不同点如下：①在加权前进行特性化处理，对影响领域的面积进行汇总；②将标准值现状化；③在影响领域的面积间进行加权处理。

其中，②是得出正确的影响评价并能够得出重要结论的关键点。因为不是任何实际的环境影响都可以进行评价（如健康损害和生态系统衰退到何等程度等），哪一个评价接近现实也是不能验证的，因而都会带来一些问题。但在1990年代后期，已经出现了许多活用此方法的实例。

（2）合议法。通过对专家和一般消费者进行问卷调查或小组讨论来对环境影响进行评估。人们一般认为环境影响的综合化是不会有自然答案的，因而指出倾听利益相关者和一般消费者的声音是很重要的。基于这样的认识，人们在1990年代后期进行了多角度的讨论、回顾和反省。无论国内外，都提出了很多方法。

遵循这样的思路，根据问卷调查所提供的信息得到的答案可能很不相同。通常人们会质疑：从部分回答者那里得到的加权系数是否具有普适性？对于这一问题，推断统计学理论和解析方法可以给予一定的回答，但是这些理论不能活用仍然是一个问题。另外，对于超过10个项目以上的环境问题的回答能否充分反映回答者自身的环境意识也是问题；而且回答者能在多大程度上理解问卷中的各种环境问题也是需要考虑的。如果不能很好地处理这些，有可能导致问卷回答与人们的环境意识并没有显著性。

表5－2中以问题比较型为例，显示的是生态指标95的系数。这里显示的并不是综合化系数，而是标准值和加权系数，可用公式(5－2)对此进行评价。

119

表5－2 生态指标95中所采用的数据一览表

生态指标95		
标准值		加权系数
数 值	单 位	
地球温室效应	1.31×10^4	GWP kg/人	2.5
臭氧层破坏	9.26×10^{-1}	ODP kg/人	100

续表

	生态指标95		
	标准值		加权系数
	数　值	单　位	
酸性化	1.13×10^2	AP kg/人	10
富营养化	3.82×10^1	NP kg/人	5
夏季烟尘	1.79×10^1	POCP kg/人	2.5
冬季烟尘	9.46×10^1	SO_2 kg/人	5
农　药	9.66×10^{-1}	kg/人	25
重金属排放	5.43×10^{-2}	铅等价物 kg/人	5
致癌物质	1.09×10^{-2}	PAH 等价物 kg/人	10

注：等价是指根据基准物质而将环境影响正规化。例如：CO_2 等价量即将各种温室气体的影响换算成 CO_2。GWP 将地球温室效应化指数用 CO_2 等价表示，ODP 将臭氧层破坏用 CFC – 11 等价表示，AP 将酸性化指数用 SO_2 等价表示，NP 将富营养化指数用磷酸盐等价表示，POCP 将光化学氧化剂形成指数用乙烯等价表示，PAH 是多环芳烃。

5.2.4　损害测算型

第三种方法的思路是对损害者分别设定加权系数来进行评价，也称为损害测算型方法。这里主要列举合议法和经济评价法。

（1）合议法。其加权的考虑方法与前文所述的问题比较型方法相同，但是是在保护对象之间进行加权。在问题比较型中，对超过 10 个的环境项目必须同时进行比较。但在损害测算型中，由于项目可以削减到 3 ~ 5 个，减少了回答者的负担，因而比较有利。在生态指标 99 中，对因环境变化而受到影响的 3 种保护对象（人类健康、生态系统的健全性、资源）由 LCA 专家进行加权，将其合计后计算加权系数（Goedkoop and Spriensma, 1999）。这里预先设定了 3 种环境思想（层次原则、平等原则、个人原则），对各种环境思想分别设定加权系数。由此，LCA 的实施者能够自己依据对应的环境思想进行评价。但是，在样本人数只有数十人，而且问卷回收率低（低于 20%）的情况下，就应考虑由问卷调查来获得加权系数的统计是否显著。

（2）经济评价法。是指将环境影响全部用货币金额来表示。在环境经济学中多运用这些研究成果。这方面有欧洲开发的综合化方法 EPS（Steen，1999）和欧洲为了测算发电厂的外部费用而开发的 ExternE 方法。它们是对 LCIA 法的综合运用，用 CVM（假设评价法）算出环境等不存在于市场中的物质的价值，采用评价方法确定支付意愿值。总的来说，都是分别算出人类健康和生物多样性等这些保护对象的损害数值后，通过 CVM 计算出保护对象的经济价值，然后进行与损害量相适应的经济换算。反映日本特殊性的损害测算型的方法是 LIME（日本版损害测算型环境影响评价法），其作为近年来测定生态系统等价值的方法之一而为人们所关注。已通过联合分析法算出保护对象的经济价值金额，由这一结果能够得到与保护对象的损害量相适应的综合化系数（伊坪、稻叶编，2005）。CVM 和联合分析法也是对环境影响的经济特性进行测定时常用的方法，不仅包含环境所具有的使用价值，还包含存在价值和遗赠价值等非使用价值的评估方法，其也有很多运用实例。这些方法，从将基于环境经济学视角的分析方法运用在 LCA 综合化方面来说是很好的。同时，因为评价结果用货币金额表示，不仅容易理解，也可以应用于费用利润分析和环境会计等环境管理工具来进行分析，这也是这些方法所具有的长处。另一方面，对于造成健康损失和生态系统衰退这样的损害支付意愿值的评价由于较难达成共识，要核算出高准确度的保护对象的损害量是比较困难的，这也是需要关注的一个问题。

121

　　以上，无论基于哪一种思路开发出的方法都是短处和长处并存，很难说哪一种方法是最好的。但近年来，由于以下原因，损害测算型被认为是很有发展前途的：

　　（1）透明性高：无论对于哪一个项目的损害量的评价，采用哪一个模型都很明了，比较几种方法的不同结果是很重要的。

　　（2）能够明确区分自然科学和社会科学领域：损害量的评价主要是利用自然科学的知识和方法，而保护对象之间的比较则是要在社会科学层面进行解析。物质比较型和问题比较型都是利用自然科学进行讨论，包括各领域的加权计算等。

　　（3）加权的项目较少。相对于问题比较型 10 个以上的项目，损害测算型将项目数削减到 5 个以下，减轻了回答者的工作负担。

　　表 5-3 以损害测算型影响评价方法为例，显示的是生态指标 99、EPS 综合化系数。EPS 及 LIME 都是以经济指标（欧元、日元）为计量单位，这是生态指标 99 的一个特点，即能够通过所有综合化系数和清单数据的乘积得到单一指标。

　　目前，损害测算型方法被认为环境指标容易理解、应用面较广，因而在经济评价法中受到重视。下一节，我们将以 LIME 为对象，说明其特点和使用方法。

表 5-3　损害测算型综合方法（生态指标 99，EPS）
中主要环境负荷物质的综合化系数

	生态指标 99	EPS
单　位	Point/kg	欧元/kg
石　油	0. 14	0. 506
煤　炭	0. 00599	0. 0498
天然气	0. 108	1. 1
铁	0. 00121	0. 961

单　位	生态指标99 Point/kg	EPS 欧元/kg
铝	0.0566	0.439
铜	0.873	208
银	–	54 000
金	–	1 190 000
CO_2	0.00545	0.108
CFC – 11	5.71 （温室效应） 27.3 （臭氧层破坏）	541
NO_x	2.30 （大气污染） 0.445 （酸性化）	2.13
SO_2	1.42 （大气污染） 0.0812 （酸性化）	3.27
PM10	9.74	36
COD	–	0.00101
T – N	–	– 0.381
T – P	–	0.0550

注：生态指标99涵盖对资源的影响，但没有金、银的系数。对 NO_x 和 SO_2 产生的大气污染从健康损害和酸性化两个方面，分别表示其对生态系统所造成的影响，在实际运用时，也要用到二者的系数。EPS是在求出多个要素影响的基础上，对这些数据进行综合而形成系数清单。

5.3　环境影响评价方法——LIME

5.3.1　LIME 的构成

LIME 是日本版的损害测算型环境影响评价方法。其概念如图 5 – 2 所示。采用 LIME 方法进行环境影响评价可分为以下几个步骤：

（1）根据环境负荷物质的产生，分析其在大气、水等环境媒体中浓度的变化（命运分析）。

（2）根据环境媒体中环境负荷物质的浓度变化，通过人体及其他生物来分析环境负荷物质暴露量（生物体内摄入量）的变化（暴露量分析/特性化）。

（3）根据暴露量的增加，评价对接受者的潜在的损害量的变化及其损害状态等（损害分析）。

（4）对共同的终点数据如人类健康等，分别收集各种损害量，并进行加总（影响分析）。

（5）最后，就终端间的重要性进行适用性分析，得到环境影响的综合指标（综合化）。

这些步骤中，（1）~（4）是基于自然科学知识来进行分析，而（5）则是基于社会科学知识进行分析，我们可以看出二者有很大的不同。下面分别就这两部分的方法进行说明：

5.3.2 基于自然科学角度分析的领域

在该领域，显示的是从环境负荷到保护对象所受到的损害量的评价过程。在图5-3中，显示了从臭氧层破坏物质（ODS）的排放到其所产生健康影响的过程。构建各个过程相互关联的模型，就可能将这些内容综合化并将排放量和损害量通过定量化来相互关联。作为计算结果的损害系数，所显示的是由于环境负荷发生而产生的对健康的损害量。LIME中，采用DALY（伤残调整寿命年）作为健康损害的指标。它所显示的是由于死亡或残疾而失去的年数，也是WHO（世界卫生组织）等在国际上活用的指标。

LIME以约1000种物质作为对象进行损害量分析。表5-4中，汇总了LIME中使用的计入损害量的项目的种类（分类终端）。

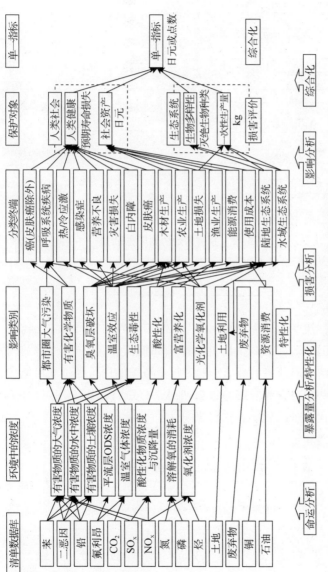

图5-2　环境影响评价方法LIME的概念图

注：ODS：臭氧层破坏物质。
出处：伊坪、稻叶编（2005）。

125

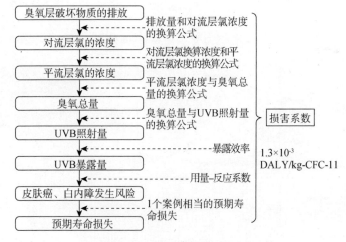

图 5－3 损害系数的测算流程

注：该图描述了从清单数据到预期寿命损失的路径，各步骤都与根据环境科学的研究成果而获得的定量分析相关联（如用量－反应关系），将这些数据进行综合就可以得出损害系数。

表中，浅颜色的部分显示的是 LIME 计入的分类终端。比如，由于地球温室效应所产生的健康影响如疟疾、登革热、自然灾害损害等。由于对所有的环境影响进行全覆盖的评价是不太可能的，所以将这些项目分为能够通过自然科学方法将损害量定量化的领域和定量化困难的领域。这样划分为两个领域，可以确保评价范围的透明性和重点。

126 **表 5－4 LIME 中使用的计入损害量的项目一览**

影响领域 保护对象	人类健康	社会资产	生物多样性	一次性生产
臭氧层破坏	皮肤癌、白内障	农业生产、木材生产		陆地生态系统 水域生态系统

续表

影响领域 保护对象	人类健康	社会资产	生物多样性	一次性生产
地球温室效应	热应激、冷应激、疟疾、登革热、灾害损失、营养失调、饥饿	农业生产、能源消耗、土地消失		
酸性化	（都市圈大气污染评价）	木材生产、渔业生产		陆地生态系统
都市圈大气污染	呼吸器官疾病（12 种形态）			
光化学氧化剂	呼吸器官疾病（6 种形态）	农业生产、木材生产		陆地生态系统
有害化学物质	致癌（8 个部位）		（生物毒性评价）	
室内空气污染	呼吸器官疾病、黏膜病症、精神疾病			
生物毒性			陆地生态系统水域生态系统	
富营养化		渔业生产		
土地利用			陆地生态系统	陆地生态系统
资源消耗		疟　疾	陆地生态系统	陆地生态系统
废弃物	（对有害废弃物进行有害化学物质、生物毒性评价）	疟　疾	陆地生态系统	陆地生态系统
噪音	会话障碍、睡眠障碍			

注：▨是评价损害量的领域，▨是损害量经推测很小的领域，▨是经推测是重要的但在目前要对其损害量进行评价还存在技术困难的领域。

5.3.3 基于社会科学角度分析的领域

在环境影响的综合化过程中，采用联合分析法，运用问卷调查，对获得的回答数据进行统计分析，以此得到保护对象的加权系数来测算综合化系数。联合分析法作为市场调查的方法已经取得了很多成效，如可以用来分析某产品具有的多种属性中，哪些属性有较大的价值。如排气量、最高速度、车身类型等就是汽车所具有的多种属性，如果能够知道这些属性中哪些是消费者较为看重的，产品开发者就可以将该属性的改良作为开发的重点，从而获得市场竞争的优势地位。近年来，该方法也用于评价无法在市场上交易的生态系统和健康状况。联合分析法的方法论和利用其来开发加权系数的详细内容，可参考伊坪、稻叶编（2005）的相关书目。

表 5 - 5 是以主要环境负荷物质为对象的 LIME 的综合化系数一览表和利用其测算的指标。综合化系数（每单位环境负荷相当的社会费用）是由损害系数和联合分析法得到的加权系数的乘积而计算的。

$$SI = \sum_{IC} \sum_{s} (Inv._s \times IF_{s,IC}) = \sum_{IC} \sum_{s} \left[Inv._s \times \sum_{e} (DF_{s,e} \times WF_e) \right]$$

$$(5 - 4)$$

这里，$Inv._s$ 是环境负荷物质 s 的清单数据（kg），$IF_{s,IC}$ 是综合化系数（日元/kg），$DF_{s,e}$ 是保护对象 e 及环境负荷物质 s 的损害系数（损害量/kg），WF_e 是根据联合分析法得到的加权系数（日元/损害量），当然，损害量会因保护对象而不同。人类健康状况以 DALY（年）计，社会资产以日元计，一次性生产以 kg 计，生物多样性以 EINES（濒于灭绝物种的预计增加量）计等。

表5－5　**LIME2中主要环境负荷物质的综合化系数**
一览表及进行综合化系数测算所采用的参数　　128

	损害系数 [DF：（损害量/kg）]				综合化系数（IF）
	人类健康	社会资产	一次性生产	生物多样性	
单　位	DALY/kg	日元/kg	kg/kg	EINES/kg	日元/kg
石　油		2.96			2.96
煤　炭		1.20×10^{-1}	1.07×10^{-2}	1.10×10^{-14}	0.77
天然气		1.38			1.38
铁		1.50×10^{-1}	1.43×10^{-3}	1.91×10^{-15}	0.24
铝		4.69×10^{-1}	1.56×10^{-2}	1.55×10^{-14}	1.41
铜		99.9	3.55×10^{-1}	6.75×10^{-13}	1.26×10^{2}
银		1.40×10^{4}	57.1	7.45×10^{-11}	1.77×10^{4}
金		6.66×10^{5}	2.88×10^{2}	3.65×10^{-10}	6.84×10^{5}
CO_2	1.31×10^{-7}	3.23×10^{-1}			2.25
CFC－11（温室效应）	6.22×10^{-4}	2.30×10^{3}			1.14×10^{4}
CFC－11（臭氧层）	1.34×10^{-3}	90.3	2.90×10^{2}		3.32×10^{4}
C_2H_4	1.67×10^{-5}	65.9	8.66		7.11×10^{2}
NO_x（酸性化）		85.8	2.38×10^{-1}		9.68×10^{1}
NO_x（大气污染）	2.13×10^{-5}				3.13×10^{2}
SO_2（酸性化）		1.08×10^{2}	3.01×10^{-1}		1.22×10^{2}

	损害系数〔DF：(损害量/kg)〕				综合化系数 (IF)
	人类健康	社会资产	一次性生产	生物多样性	
单　位	DALY/kg	日元/kg	kg/kg	EINES/kg	日元/kg
SO₂ (大气污染)	1.49×10^{-4}				2.19×10^{3}
PM	9.94×10^{-5}				1.46×10^{3}
COD		6.40×10^{-1}			6.40×10^{-1}
T – N		8.25×10^{1}			8.25×10^{1}
T – P		9.74×10^{2}			9.74×10^{2}

加权系数（日元/损害量）如下

	人类健康	社会资产	一次性生产	生物多样性
单　位	日元/DALY	日元/日元	日元/kg	日元/EINES
加权系数	1.47×10^{7}	1.0	46.2	1.42×10^{13}

注：DALY：伤残调整寿命年；EINES：Expected Increase in Number of Extinct Species，濒于灭绝物种的预计增加量。

5.4　环境影响综合化评价方法的展望

本章中，主要讨论了在 LCIA 领域的环境影响综合化评价方法，并对综合化的实用性和存在的问题等进行了梳理。综合化方法具有综合所有的环境影响并用单一指标来表示的长处，同时也不可避免地会存在社会偏好这一短处。环境影响的综合化评价，虽然有各种各样的路径和方法，但由于损害测算型这一评价方法能够使评价方法的透明性提高，因此人们期待该方法能够对综合化评价方法中存在的问题的解决有更多贡献。综合化评价方法的研究已经有了 10 年的历史，但对于损害测算型评价方法的研究和讨论还处于发展阶段。现在，很多研究机构都在推进研究开发。与之相对应，可以使综合化方法的实用性得到更好的提高。今后，不仅仅是在产品评价和企业活动中运用，还可以考虑将其用在政策领域。

附录　综合化方法的问题点

至此，我们对 LCIA 相关的综合化方法的概要和运用事例进行了说明。无论国内外，对综合化方法都进行了很多研讨。不仅如此，ISO14044 还将综合化方法定义为任意要素之一。

以购入电脑为例。电脑有 CPU 的主频、便携性、显示器的大小、内存容量、键盘使用的方便性、价格、稳定性、品牌印象等各种性能要素，人们对这些要素进行综合理解之后才会决定购买。这些功能是为了进行产品选择而需要的多个判断要素，其中哪个最重要是依赖于购买者个人的，其判断也反映了购买者的个人偏好，这些判断是否正确，别人的异议基本上是没有意义的。另外，不仅仅是个人，在进行社会层面的观察时，也会看到某些要素比其他要素更受到重视的倾向。企业可以利用这些信息，作出重要的经营决策。

环境影响的综合化评价就与上述事例类似。意味着将各种环境影响综合起来，无论是否明确，如将人类健康、植物等生物多样性、农业、水产业等因为环境变化而受到的各种影响作为对象进行加权比较。这些比较因为不是基于自然科学层面的考察而得出的，因而会受到评价者个人的主观性和集团获得环境要素的方法所左右。从个人来看，终端之间加权可能不同，从社会层面来看也会有一定的影响。这和电脑属性的例子相似，对于社会来说，可以利用价值高的信息。

但是，重视哪些环境影响，即使我们承认个人的差别，但也要分析其所属集团的环境思想，其结果也必然会在综合化系数中反映出来。如果项目数少、项目的意义（人类健康或生物多样性）比较容易说明，我们就可以期待损害测算型能够发展成为解决这一类问题的一个途径。

思考题

1. 调查环境影响的综合化评价方法。同时考察企业运用综合化评价方法的诸多原因。可以以 CSR 报告书中的环境会计、环境效率、LCA 等为中心进行考察。

2. 环境影响的综合化评价方法有物质比较型、问题比较型、损害测算型等多种途径。比较这些方法的特点并整理成表。对表现评价结果的指标、综合化的过程、评价方法的活用的理论背景以及其他方面等都应加以关注。近年来，损害测算型方法被高度关注，请考察分析其理由。

参考文献

1. 伊坪徳宏、稲葉敦編：『ライフサイクル環境影響評価手法——LIME‐LCA、環境会計、環境効率のための評価手法・データベース』，産業環境管理協会 2005 年版。
2. シュミット‐ブレーク，F.（佐々木建訳）：『ファクター 10——エコ効率革命を実現する』，シュプリンガー・フェアラーク東京

1997 年版。

3. 宮崎修行等：「環境パフォーマンス評価係数（JEPIX）環境政策・法令に基づく日本版エコファクターの開発」，載『社会科学研究所モノグラフシリーズ』2003 年第 13 号。

4. Bundesamt für Umwelt, Wald und Landschaft (BUWAL), *Bewertung in Ökobilanzen mit der Methode der ökologischen Knappheit*, Ökofaktoren, 1997.

5. European Commission, "Community Research, ExternE Project Externalities of Energy", Vol. 7, *Methodology*, 1998 update.

6. Goedkoop, M., "The Eco-indicator 95: Weighting Method for Environmental Effects that Damage Ecosystems or Human Health on a European Scale", *Final Report*, 1995.

7. Goedkoop, M. and R. Spriensma, "The Eco-indicator 99: A Damage-oriented Method for Life Cycle Impact Assessment," *PRé Consultants*, Amersfort, The Netherlands, 1999.

8. ISO14042, *Environmental Management: Life Cycle Assessment Life Cycle Impact Assessment*, Geneva, 2000.

9. Röhrlich, M., et al., "A Method to Calculate the Cumulative Energy Demand (CED) of Lignite Extraction", 2000 *Int. J. LCA*, 5 (6) 369~373.

10. Steen, B., "A Systematic Approach to Environmental Priority Strategies in Product Development (EPS), Version 2000: General system characteristics," *CPM Report* 1999, 4, Chalmers University of Technology, Göteborg, Sweden, 1999.

11. Wackernagel, M. and Rees, W., *Our Ecological Footprint*, New Society Publishers, B. C. Canada, 1996.

133

第6章 生命周期成本

要点

第4章中论述了针对产品层面的环境影响进行生命周期成本考察的重要性，相关成本管理不仅在企业层面也在生命周期成本的最小化方面受到重视。本章中，将讨论计量产品生命周期全过程费用的方法，即生命周期成本（LCC）法。前半部分说明 LCC 的意义、实施步骤和分析方法；后半部分以笔记本电脑为具体案例说明具体实施方法，并分析其结果。

关键词 生命周期成本 生命周期管理 ISO IEC

6.1 从生命周期视角看经济分析的必要性

6.1.1 生命周期成本的最小化

任何产品都具有性能和价格。消费者在关注这两方面的同时判断自己对性能和价格的追求，从而作出购买决定。因此，企业为了促进销售和增加收益，往往会在提高性能的同时，致力于降低产品的价格。产品的价格反映该企业成本计算的结果，企业在提供产品时，会追求降低成本，但在产品售出后，企业对产品成本计算关心程度又会降低。

　　不过，近年来，人们对产品使用、废弃和回收时所产生的费用的关注程度正在提高。例如，就家电产品而言，其重要性能之一就是提高节能效率，这关系到削减使用时的成本。这一点，几乎所有的消费者都知道。在家电卖场，不仅仅要向消费者公开产品的价格，还要明示产品使用费用、回收费用等。因此，如果能够明确地向消费者传达信息，企业的产品即使价格高但如果使用时费用更低，这样的产品销售也是很有市场前景的。家电回收法案中，已将回收使用过的家电规定为企业的义务。同时，如果企业提供再利用很困难的产品，伴随着再利用费用的增加，企业的成本负担也会增加。

　　因此，企业致力于将包含产品销售后的费用在内的产品生命周期全过程的费用最小化，可以看作企业为了进行更健全的经营活动而制定相关方针。生命周期成本（LCC）就是对产品生命周期的费用进行计算的工具。本章中，将结合具体评价案例，对LCC 的一般步骤和方法进行说明。

6.2　LCC 的意义及发展动向

6.2.1　LCC 的要点

　　LCC 是通过产品、服务和工厂的整个生命周期来计算成本的工具，主要有以下几点为人们所关注：①相对于 LCA 从环境方面来评价产品，LCC 是为了提供经济指标而采用的分析工具；②作为产品成本的管理工具，它是从生命周期的角度来进行分析的。

　　下面从各个方面来说明被广泛关注的 LCC 的发展动向：

6.2.2 提供经济指标

第4章和第5章中，对 LCA 和环境影响的特性化以及综合化方法的社会背景、实施方法和现在的应用状况都进行了说明。虽然无论哪种方法都有尚待改进的余地，但损害测算型的综合化方法因为容易解释等理由而被很多企业采用。

LCA 可以提供产品和服务所涉及的环境方面的信息，但不能提供经济信息。企业作为营利组织，在进行产品设计决策时必然会关心其经济数据。生命周期管理（LCM）将生命周期方法纳入企业经营中，是可以改善经济效益和环境效益的概念，因而也广受关注。SETAC（环境毒性化学协会）对 LCM 的定义和发展动向进行了整理并形成了相关的指南，其中还介绍了若干案例。LCC 是作为 LCM 实施的中心工具和 LCA 并存的（参见本章附录）。

LCC 是近年来被关注的领域，它作为能够提供经济指标的有效工具，是被广泛认可的主要因素。同时，LCA 实施的数据等也可以在 LCC 领域被充分活用。图 6-1 以铝罐为例来说明 LCC 的实施方法。

首先，将生命周期清单分析的主要步骤归纳如下：

（1）绘制工艺流程图：明确所分析对象产品的生命周期的工艺流程并确定相互的关联关系。

（2）输入测算：对所评价的工艺分别确定其被利用的资源和燃料种类等，并计算这些物质的使用量。

（3）输出测算：根据资源利用来计算所产生的成本。用各种资源的单价，按各个工艺流程分别计算出成本。

（4）单位变换：将各项工艺计算所得到的成本变换形成各个工艺流程之间的连结。例如，制罐工艺的成本（1kg 相当于 30.2 日元）可变换为每罐的成本（0.6 日元/个）。

136

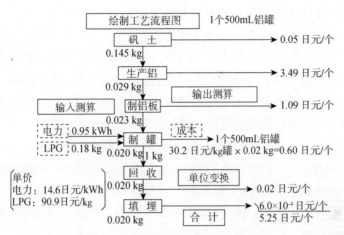

图6-1 生命周期成本核算实施步骤

（5）合计：将所有工艺的成本加和就可以求出整个生命周期的成本。

这里所显示的LCC的实施步骤与图4-4所表示的LCI的实施步骤非常相似。因此，实施LCI时所利用的各种信息也可以被LCC所采用。LCA实施者实行LCC的好处我们还可以列出很多。

6.2.3　从生命周期视角的分析

实际上，LCC从1970年代就开始使用，其使用历史也比LCA长，主要集中于军事设施设备、工厂、建筑物、石油企业等大型基础设施。图6-2中显示的是以LCC为研究对象的成本，这些研究对象被LCC所重视的理由有几个方面，比如，在以建筑物为对象时会关注建筑时所支付的费用。但是，使用者购入建筑物后，还会有电费、燃气费、取暖费、维护费、修缮费、拆解费等各种费用发生。像建筑物这样的大型产品，与建筑费用相比，建筑物运行相关的成本（保养、维护等）无疑就不那么高了。对此，如果无视而不加以管理是不可取的，我们认为，从运行费用和建筑费用两个方面来考虑其成本是很重要的。

很多建筑企业不仅仅注意控制建筑费用，还着手开发在生命周期中最便宜的建筑材料，为了促进这些材料的销售，这些企业还将其研究成果提供给社会，如清水建设、鹿岛建设、大林组、积水化学工业等。LCC 的计算结果显示，积水化学工业公司提供的年光热费为零的太阳能发电系统和耐久性很高的建筑用瓦，如果用于使用期为 60 年的建筑物，其运行维护成本能节约 1000 万日元以上，具有很好的经济优势。在建筑领域的 LCA 运营中，也大都会使用产业关联表（日本建筑协会编，2003）。产业关联表显示的是国内产业间的经济流，因而较容易得到环境负荷数据以及与成本相关的信息，清水建设也开发了便于实施 LCI 和 LCC 且能够活用产业关联表信息的系统（GEM‐21）。

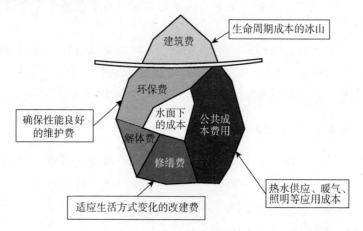

图 6 - 2 LCC 成本范围

注：在建筑中，建筑费总令人注目，但维护费、运行费等费用数额也不少，充分考虑这些费用，对经营管理也是很重要的。

出处：积水化学工业主页数据。

6.2.4　LCC 的国际标准

关于 LCC 与 LCA 在国际标准化方面所表现出的不同，已经有不少相关讨论。ISO 认为 LCC 作为石油能源产业的成本管理工具正在日益被重视，并发行了与其实施相关的国际标准。在石油勘探开发中取得矿业权后，要进行航空物探、磁法勘探、重力勘探等地质调查，通过综合调查结果来判断油田是否存在、是否可进行试开采。试开采费用中一桩的花费相当于 10 亿日元，但由试开采而发现石油的可能性一般为 1/10。也可以说，石油生产最低也要花费 2000 亿日元。由此，在石油开采中，是否能够获得有商业利益的油田，就不得不考虑从调查到试开采、生产、销售的所有费用才能作出决定。通过这样的分析，我们可以看出运用 LCC 的重要意义。

IEC（国际电工委员会）也发行了在可靠性工程中较为受关注的 LCC 实施步骤的国际标准。图 6 - 3 就是 IEC 关于 LCC 的实施思路。

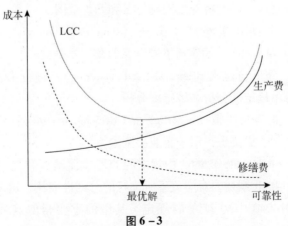

图 6 - 3

注：在考虑可靠性的同时，对生产费用的合理使用的讨论也是很重要的。

如果忽视产品的设计阶段，即使能够削减设计阶段的费用，故障率也会上升，其结果是零部件更换以及与修理相关的人工费和材料费的增加，更有可能遭遇为此丧失信誉等其他损失，使得企业迫于各种压力而无法继续经营。IEC 以 LCC 为管理工具，通过生命周期来进行成本管理，从产品的设计阶段来修正所投入的全部费用。其思路和实施步骤将在下节中说明。

无论是 ISO 还是 IEC 都非常重视将成本管理在生命周期层面进行扩展的重要意义。

6.3 LCC 的步骤和分析方法

6.3.1 LCC 和 LCA 的关系

关于 LCC 的一般性方法，在 IEC 和 ISO 及其他标准中都有记述。在 ISO15663 中，将 LCC 分为以下四个步骤：

（1）诊断与调查范围的确定（diagnosis and scope definition）：确定调查目的，设定特殊的限制因子和调查范围。

（2）数据收集与成本分析（data collection and structured breakdown of costs）：确定成本要素，收集成本数据。

（3）分析与建模（analysis and modeling）：进行 LCC 计算，进行所有不确定性分析和敏感度分析。

（4）报告与决策（reporting and decision making）：将得到的分析结果制作成报告，用于企业决策参考。

图 6-4 是对 ISO15663 中规定的 LCC 实施流程和与 LCA 国际标准 ISO14040 系列的对应关系所进行的总结性表达。这个流程类似于 ISO14040 中对 LCA 的规定。其中的重要相似点列举以下两点：

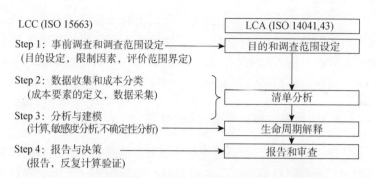

图6-4　ISO 15663 中 LCC 步骤与 LCA 国际标准的关系

（1）计算结果不仅仅显示的是代表值，在通过敏感度分析和不确定性分析等对计算结果的可靠性进行验证后，就可以公开其结果。

（2）并非一次计算就可以结束分析，而是需要将接受解释的结果再次设定目的，进行多次计算。

6.4　LCC 的实施案例

6.4.1　LCC 的构成

在此，我们选取笔记本电脑作为 LCC 的实施案例进行分析（岚，2004），来展现 LCA 的分析步骤。此处所选定的案例采用了假设值，和现实数据多少有些不同，但作为对分析步骤的说明是没有什么大问题的。

在工厂生产中，与直接生产相关的是零部件成本、设备运行所投入的能源成本、产品配送所发生的成本以及相关劳务费等。另外，还要计入工厂购进设备的投资成本。这些成本的合计作为最终的生产成本而被计入。

使用者在购入笔记本电脑后，在使用时还要支付电费；经过几年的使用后要废弃时，电器废弃物处理企业还要收取废弃物处理费来回收。这一环节中，有收集搬运费和再利用费产生。下面是关于各流程费用的计算条件：

6.4.2 生产过程：制造成本的计算

如图 6-5 所示，制造成本被大致分为直接制造费用和间接制造费用，分别由材料费、劳务费及其他费用构成。下面对各种费用的成本计算方法进行说明：

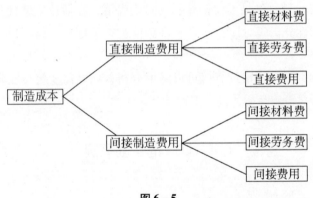

图 6-5

（1）直接材料费。以从外部购入的笔记本电脑的材料为分析对象，这些原材料购入的价格数据可作为直接材料费。印刷电路板等如果是企业自己生产，其从外部购入的为生产所用的零部件和材料也要记入。另外，HDD、FDD、LCD 等元器件也是从外部购入，在企业内组装。企业内部通过各类元器件、零部件的生产和组装，才能最终完成一台笔记本电脑的生产。

（2）直接劳务费。求出笔记本电脑（以下简称 PC）生产所需要的所有工时数，乘以其单位工时价格后进行加总，就是直接劳务费。

144

（3）直接费用。代加工费、特许费、零部件修理费、零部件更换费等，事实上都会发生。但这里均以 0 计。

（4）间接材料费。黏合剂、焊接、相关管理所支出的办公用品费用等都包含在内，本例中设定其数量较小。

（5）间接劳务费。生产 PC 所花费的直接人工以外的劳务费用由以下公式计算，本例中用假设数据替代：

$$间接劳务费 = 非直接劳动者的工资总额$$

$$\times \frac{该 PC 制造成本总额/全 PC 制造成本总额}{该 PC 制造数}$$

（6）间接费用。主要分为设施和制造设备所花费的费用。设施费用主要是不动产租赁费、空调、共用设备（电梯、食堂等），共用大厅等的设备费、维护费、能源消耗等都包含在内。能源费用包括电力、A 重油、LPG、工业用水等，先算出工厂所使用的总量，再按以下方法计算 1 台 PC 所分摊的费用。设备费、维护费等，可以从财务数据求得。

$$设施间接费用 = （工厂全部的公用设施费用 + 不动产租赁费）$$

$$\times \frac{该部门房屋（地板）面积}{全房屋（地板）面积}$$

$$\times \frac{该 PC 制造成本总额/该部门制造成本总额}{该 PC 制造数}$$

工厂全部的公用设施费用：电、水、LPG 等。

不动产租赁费：设施摊销费（包含公用部分的费用）。

印刷电路板的制造，各单元的组装、安装工艺等，制造设备、组装生产线所消耗的电力和所使用的其他能源等也都包含在内。除

此之外，并非在制造环节直接使用的费用，如厂房的空调、照明、
烟尘除尘设备等所消耗的能源也要计入。如果设备运用于多个品类
产品的生产，则按其销售额所占的比例进行共用能源的消耗计量。

作为制造设备的费用，这里主要列举的有摊销费用、电费、
废弃物处理费等。

摊销费用可以通过财务会计数据获得，并将其换算为 1 台 PC
所相当的费用。工厂内部的设施主要考虑电路板的制造设备、单
元组装流水线、环境净化设备等。这里，将设备的使用年限设定
为 15 年，对设备的投资额可根据销售额的比例来进行摊销。

电费可以从工艺过程的实际情况来计算，此外是用以下方法
计算的：

$$该部门全体电力使用量 \times \frac{该\,PC\,制造成本总额}{全\,PC\,制造成本总额} \times$$

$$\frac{1}{该\,PC\,制造数} \times 电费单价$$

废弃物处理费由于数据的限制，未作测算。

上述内容都包含在表 6-1 中。

6.4.3　配送

（1）包装。PC 出厂时的包装费用，已包含在上面所说的制造
环节的费用中。

（2）运输。假设将 PC 从工厂运输至日本国内销售门店时的
运输距离是 100 公里并使用 10 吨卡车，其所消耗的油料由表6-1
（A）中的数据可以求出每台 PC（5.5kg）消耗油料约合 1 日元。
另外，每台 PC 的配送费用为 2400 日元（参见 2003 年 2 月 25 日
的日经网络关西版）。

表6-1 企业成本计算数据

	费 用	内 容	成本计算方法	企业成本（日元、假设数据）	内 容	物 量
制造成本 / 直接制造费用	直接材料费	主机板	根据购入价格计算	20 000	铁及其合金	0.694kg/台
		LCD单元		20 000	特殊钢（SUS等）	0.390kg/台
		CD-ROM单元		20 000	铝及其合金	0.490kg/台
		FDD单元		10 000	其他金属（铜等）	0.163kg/台
		HDD单元		10 000	玻璃	0.275kg/台
		键 盘		3 000	热可塑性塑料	1.253kg/台
		软件（OS, office等）		20 000	热硬化性塑料	0.024kg/台
		其他（说明书、包装材料等）		2 000	橡 胶	0.025kg/台
					纸 类	1.728kg/台
					印刷电路板	0.353kg/台
					半导体封装	0.027kg/台
					层压基板	0.102kg/台
	直接劳务费	工资、奖金、福利	根据工艺分别计算 A：工时/制造数 B：工时/制造数 总工时/台 A+B+… 直接劳务费=总工时/台×单价	20 000	不必要	0

	费 用	内 容		成本计算方法	企业成本（日元、假设数据）	内 容	物 量
制造成本	间接制造费用	直接费用		加工费、特许使用费、零部件修理费、零部件更换费	因量少而未计入	0	不考虑其环境负荷	0
		间接材料费		黏合剂、焊接、办公用品等	因量少而未计入	0	不考虑其环境负荷	0
		间接劳务费		非直接人工费	非直接人工费/该 PC 制造成本/全 PC 制造成本/该 PC 制造数	20 000	不必要	0
		间接费用	设施	不动产租金	〔企业公共成本+不动产租赁费（设备折旧包含公用设备折旧）〕×该部门面积/总面积×（该 PC 总制造成本/该部门总制造成本）/该 PC 制造数	2 000	不必要	0
				空调			电力	2（？）kWh/台
				天花板灯			A 重油	0.3（？）L/台
				LPG			LPG	0.002（？）m³/台
				工业用水			工业用水	0.02（？）m³/台
				其 他				
			制造设备	折旧费	该部门设备整体折旧费×（该 PC 的制造成本/该部门整体制造成本）2 900	2 900	不必要	
				电费	该部门设备整体用电量×（该 PC 制造成本/该部门总制造成本）×电费单价	100	电力	1kWh/台
				废弃物处理费	因量少而未计入	0	无数据	

表（A）　　PC配送卡车所消耗的燃油费

运输距离 km	重　量 kg	能源原单位 kg-oil/ton·km	燃油价格 日元/L　日元/kg	运输燃油费 日元/PC1台
100	5.5	0.024[1]	70[2]　　82	1.1

（1）根据 NIRE ver.3 数据。

（2）参见东京都卡车协会主页。

6.4.4　使用

（1）PC 使用时间及其电费价格。为了估算 PC 使用时的成本，以办公用 PC 为例，假设其使用状况及其电费，见表（B）。

表（B）　　PC 的使用状况设定

		时　间 (h)	电力消耗 (W)	年度 时间	年耗电	电　价	年耗 电费	4年耗 电费
办公用	工作状态	3.5	15	240	25.8	14.65	378	1512
	待机状态	5.5	10	天/年	kWh	日元/kWh	日元/年	日元

注：（财）节能中心主页。

（2）PC 使用时的电力消耗。在计算一台 PC 使用时的电力消耗时，根据实测数据，其处于使用状态时是 15W，处于待机状态时是 10W。见表（B），将这一数值与使用时间相乘，得出其一年的耗电量相当于 378 日元，如果假设使用期为 4 年，其总电费就应该是 1512 日元。

6.4.5　再利用的流程

废弃 PC 的再利用的流程如图 6-6 所示。

废弃的 PC 由从事废弃物回收的企业运送到进行中间处理的企

149

图6-6 评价笔记本电脑的假设静脉工艺流程

业，该企业将 PC 的废金属回收后销售给再利用的企业。再利用企业将废金属作为原料来回收金属和贵金属。近来，电脑企业内部设立回收工艺的部门和与第三方企业形成相关系列化的实例，都有所增加。

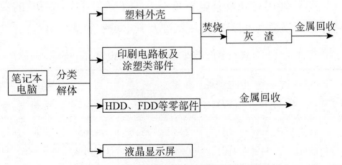

图6-7 本案例中假设的金属回收流程

图6-7 所展现的是从废弃 PC 中回收金属类材料的方法。分类、解体后的塑料外壳、印刷电路板及涂塑类部件等放入窑中焚烧后，回收底灰中的废金属；HDD、FDD 等零部件中的铁、铝等也被作为废金属回收。

（1）废弃 PC 的搬运费。办公用的 PC 在废弃时，每台要征收2500 日元的费用（《日本经济新闻》2001 年 6 月 29 日）。其中，有1000 日元是搬运费。

（2）中间处理企业的处理费。办公用 PC 的废弃后的中间处理费用中扣除搬运费后还需要花费1500 日元。

150 中间处理企业将废弃的 PC 分解后，将铁、铝分离，将塑料外壳、印刷电路板等放入燃烧炉焚烧，从底灰中回收铜等废金属。回收的废金属卖给再利用企业，其价格如表（C）所示。

表（C）　废弃物的价格

废弃物价格原单位[1]		废弃物价格/台
铁	4000 日元/t	2.1 日元/台
铝	102 日元/kg	25.2 日元/台
铜	115 日元/kg	12.2 日元/台
合　计		39.5 日元/台

(1) 资料来源：新产业创造研究机构主页。

（3）再利用企业。再利用企业从中间处理企业手中收购废金属，回收再生金属锭。每台 PC 回收的再生金属锭重量如表（D）所示。

表（D）　从废弃电脑中回收的再生金属重量

金　属	回收量
铁及其合金（含 SUS）	0.519kg
铝及其合金	0.247kg
铜及其他金属	0.106kg
银	38.368g
金	0.924g

回收这些金属所消耗的能源折算成能源费用，用表（E）表示。回收再生金属锭所需要的能源费用，每台 PC 约 10 日元。

151　　　　　　　　　表（E）　　从废料中精炼所消耗的能源

金　属	能　源	原单位	能源单位	能源费用
铁及其合金（含SUS）	电　力	600kWh/t[1]	14.3 日元/kWh	4.45 日元
铝及其合金	电　力	1200kWh/t[2]	14.3 日元/kWh	4.24 日元
铜及其他金属	A 重油	150L/t[3]	29 000 日元/kL	0.46 日元
	电　力	260kWh/t	14.3 日元/kWh	0.39 日元
			合　计	9.55 日元

（1）中小企业综合事业团主页。

（2）铝罐再利用协会主页。

（3）丸江主页（截至本书初版时点）。

　　回收的再生镀金打底金属直接返回电脑生产商的案例并不多，但这些再生金属锭分别按金额计算可以冲减电脑生命周期成本。

　　通过假设被回收的再生镀金打底金属的单价，可以从其重量求出每台 PC 回收的再生镀金打底金属的价格，如表（F）所示，每台 PC 大约能回收 2000 日元的再生镀金打底金属。

表（F）　　再生镀金打底金属的价格

金属种类	单价[1]	镀金打底金属价格/1 台	
铁	8 000 日元/t	铁	4.2 日元/台
铝	177 000 日元/t	铝	43.7 日元/台
铜	150 000 日元/t	铜	15.9 日元/台
银	20 日元/g	银	767.4 日元/台
金	1 400 日元/g	金	1294.0 日元/台
合　计			2125.2 日元/台

（1）《周刊·循环经济新闻》，2001 年 10 月。

另外，通过金属回收，还可以减少对进口矿石的需求量，由此可体现的费用削减效果如表（G）所示。

表（G）　削减原料矿石进口带来的费用削减效果

原料矿石	削减量[1]	进口价格[2]	
铁矿石	0.524kg/台	2 800 日元/t	1.47 日元/台
矾　土	0.254kg/台	3 000 日元/t	0.76 日元/台
铜矿石	0.140kg/台	60 000 日元/t	8.40 日元/台
合　计			10.63 日元/台

（1）ECOLEAF.

（2）贸易统计，2002 年。

通过回收再生镀金打底金属，也减少了冶炼新镀金打底金属所必须消耗的能源。由此削减的能源费用见表（H）所示。这里，因为不清楚铀矿石的单位价格，估算其削减能源费用为火力发电的 90% 左右。

表（H）　再生镀金打底金属相当于新金属生产所消耗的能源

	削减量[1]	发热量	单位价格[2]	削减能源费用
石　油	0.409kg	10 900kcal/kg	2.205 日元/1000kcal	9.8 日元
煤　炭	0.895kg	6 200kcal/kg	0.673 日元/1000kcal	3.7 日元
NG	0.166kg	13 000kcal/kg	2.238 日元/1000kcal	4.8 日元
铀　矿	2.16mg			3.3 日元
合　计				21.6 日元

（1）ECOLEAF.

（2）日本能源经济研究所，2002 年 12 月。

6.4.6　生命周期成本小结

综合以上内容，一台 PC 的生命周期成本（环境成本除外）可用图 6 - 8 和表 6 - 2 来表示。

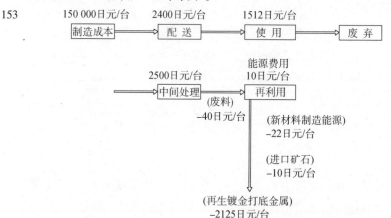

图 6 - 8　笔记本电脑的 LCC 测算结果（基于假设值）

注：根据该示例，将削减制造成本作为重点，对有效削减 LCC 更有效果。

表 6 - 2　笔记本电脑的 LCC 测算结果

单位：日元

	内部费用（LCC）
原材料、组装	150 000
配　送	2 400
使　用	1 512
中间处理、废弃	2 500
再利用	（2 147）
合　计	154 265

注：括号中的数字为负（利润）。

这里所举的案例中，整个生命周期费用的约 90% 是生产最终产品的费用。另外，从研究结果看，使用和回收等的费用也很重要，更重要的是它显示了对制造费用进行彻底管理的重要性，即有效削减整个生命周期成本。产品从原材料到生产出最终产品的费用中，直接材料费最多，其次是直接劳务费和间接劳务费。将材料费中较高比例的部分作为中心来实施再利用、轻量化等，或通过工艺改善来削减劳务费等，可以作为有效削减生命周期成本的方法。这一案例，所使用的数据都是假设值。由于生产费用较高，进行实际分析时，注意制造成本数据的精确度，是提高 LCC 可行性的重要因素。

154

附录　LCM（生命周期管理）

推进 LCA 实施的 SETAC（环境毒性化学协会）发行了关于 LCM 的概念和运用案例的指南。

其中，对 LCM 定义如下：

LCM 是为了使产品生命周期的环境负荷最小化的工具，在实践中它是面向经济效益和环境效益改善、对企业可持续发展有利的概念。

LCM 对于规划和指标来说，可使用企业现有的环境规则和经营系统，LCM 也包括产品支援政策、生态标签的实施等。

该指南还介绍了若干运用案例。

表 6-3　LCA 指南（SETAC）中刊载的案例
及在 LCM 实施中活用的工具

案　例	运用的现有方法
在环境管理中运用 LCA	LCA

案　例	运用的现有方法
在中小企业实施	LCC
以汽车为对象的产品设计	LCC、LCA、SCM（供应链管理）
材料比较	LCA、LCC
供应链管理	风险筛选、LCC
国际实施	环境资产负债表

从这些运用案例来看，在 LCM 定义中所显示的事项中，为人们关注和重视的内容是：①LCM是为改善经济性和环境性的效益而采用的概念；②LCM 可以利用 LCA 和 LCC 等已有工具而实施。

近年来，SETAC 所公布的 LCC 的研究案例有所增加。这一方面表明人们已经认识到在 LCM 中 LCC 和 LCA 是具有同样重要作用的工具；另一方面也表明，与 LCA 相比，关于 LCC 的讨论和运用还不够充分。

思考题

1. 列举产品成本计算和 LCC 的不同之处。另外，为了将成本计算的结果用于 LCC 计算，有必要追加对哪些要素的调查？请讨论：如果其结果不能从成本计算中得到，那么这些新追加的要素的信息可以用哪些方法获得？

2. 到目前为止，LCC 的运用案例多是以军需品、建筑物等大型产品为对象，请分析其理由。

　　3. LCC 是包含在产品生命周期中的与工艺直接相关的组织和个人所支付的金额的总计。它和从 LCA 综合化结果得出的金额的性质有所不同，请考察其不同点。近年来，对此进行的综合研究（即全成本）也在进行，请讨论这一方法的优点。

 参考文献

1. 嵐紀夫：「複写機を対象としたライフサイクルコスティング」，載『平成 15 年度経済産業省委託　環境ビジネス発展促進等調査研究（環境会計管理）報告書』，産業環境管理協会 2004 年版。

2. 伊坪徳宏、稲葉敦編：『ライフサイクル環境影響評価手法——LIME – LCA、環境会計、環境効率のための評価手法・データベース』，産業環境管理協会 2005 年版。

3. 大林組：「コンクリート構造物のライフサイクル評価システム」。

4. 久郷信俊等：「LCC 適用事例 I ——LCC 研究会報告（プラント設計における事例）」，日本信頼性学会春季シンポジウム，2005 年。

5. 小林充、石坂和明、伊坪徳宏：「IC パッケージのライフサイクルコスティング」，載『日本 LCA 学会誌』2005 年。

6. 日本建築学会編：『建物の LCA 指針——環境適合設計・環境ラベリング・環境会計への応用に向けて』（第 2 版），日本建築学会 2003 年版。

7. 船崎敦：「平均的自動車を対象としたライフサイクルコスティング」，載『平成 15 年度経済産業省委託環境ビジネス発展促進等調査研究（環境会計管理）報告書』，産業環境管理協会 2004 年版。

8. 本下晶晴等：「社会的費用を考慮した発電事業における総合的費用のライフサイクル評価」，載『環境情報科学論文集』2004 年第 18 号。

9. Ebisu, K. and S. Suzuki, "Life Cycle Cost of Notebook PC", *Proceeding of the Sixth International Conference on EcoBalance*, 2004, 585 – 586, Oct. 25 – 27.

10. IEC 60300 – 3 – 3, *Life Cycle Costing*.

11. ISO 15663, *Petroleum and Natural Gas Industries: Life Cycle Costing.* Jackman, P. (ed.), *A Working Report on Life Cycle Costing of Corrosion in the Oil and Gas Industry: A Guideline*, Maney Publising, 2003.

12. United Nations Environment Programme (UNEP), *Global Environment Outlook* 2000, 1999.

环境效率和因子

157

要点

人们在讨论企业社会责任时，都会注意到环境效率这一社会可持续发展的主要指标；显示环境效率改善的要素也在电子电器行业中被广泛运用。本章中，将结合具体案例对环境效率和因子的特点进行讨论。首先，梳理关于环境效率的一般定义和企业实践动向。其次，以国家或产业为不同评价对象讨论其运用方式及其环境效率指标。最后，在明确要素的基础上，介绍环境效率在电子电器行业的活用。

关键词　CSR　WBCSD　环境效率　环境影响　综合化　附加价值　因子

7.1　以有效削减环境影响为目标

7.1.1　可持续发展指标

　　企业的环境活动是 CSR（企业社会责任）的主要内容之一。近年来，越来越多的企业将经济、社会、环境构成的"三重底线"包含在 CSR 报告书中，向社会公开企业的经营活动信息。在这一趋势中，能够以第三方容易理解的方式，清楚地说明这三个方面所反映的企业经营活动的成果是非常必要的，这也要求人们开发相应的指标。为了实现可持续发展，1992 年联合国在巴西里约热内卢召开了环境与发展大会，世界可持续发展工商理事会（WBCSD）提出了基于环境效率概念的环境效率指标，这也被认为是对社会需求的回应。日本也正在开发验证产品和企业经营的环境友好性方面的方法和工具。同时，利用因子进行环境效率改善度评价的企业也在增加。

158

环境效率的概念并不难理解，构成环境效率的参数种类如图7－1 所示。其范围、利用方法因企业不同而不同，从而也导致其难以进行相互比较，甚至会带来在不同情况下所接受的信息的混乱。

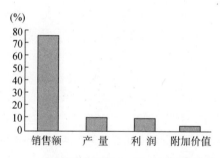

图 7－1　环境效率指标中分子所使用的参数种类

出处：笔者根据大阪工商会议所（2005）制成。

本章中，将针对这些问题、观点等进行讨论，并对环境效率指标和因子的定义以及其在日本的运用等进行说明。

7.2　环境效率

7.2.1　环境效率的定义和应用动态

如前所述，环境效率指标是 WBCSD 于 1992 年提出的。WBCSD 将环境效率定义为：提供有价格竞争优势的，满足人类需求和保证生活质量的产品或服务，同时能逐步降低产品或服务生命周期中的生态影响和资源的消耗强度，降低程度应与估算的地球承载力相一致。

按照这一定义的内容，在环境效率的指标化方面，公式（7 - 1）就是一种表示方式。其用产品或服务价值作为分子，用环境影响作为分母来计算环境效率。很多企业都采用这一公式计算。

$$环境效率 = \frac{产品或服务价值}{环境影响} \qquad (7 - 1)$$

随着认识到环境经营重要性的企业日益增多，怎样实现企业经营与环境活动的相互平衡、怎样验证二者是否能够取得平衡等都成了重要问题，环境效率指标正是解决这些问题的有效方法。

环境效率的构成要素即分子和分母是由各个企业的环境理念等所决定的，选择什么产品或服务来确定环境影响都会因企业而不同。大阪工商会议所（2005）指出，不少企业以销售额作为分子。总体来看，有超过 90% 的企业采用包含利润、附加价值的经济指标作为分子来计算环境效率（图 7 - 1）。分母分为两种情况，有的将环境负荷物质作为环境影响的替代指标，有的利用环境影响的综合化指标，如图 7 - 2 所示。在评价环境负荷物质时，很多企业都采用 CO_2 指标而不考虑其他物质指标（图 7 - 3）。

160

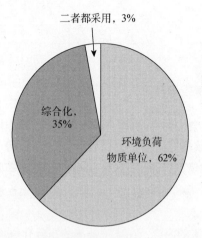

图 7 - 2　环境效率指标中分母所使用的参数

注：环境负荷物质又分为两种利用情况：表现状况和综合指标。

出处：笔者根据大阪工商会议所（2005）制成。

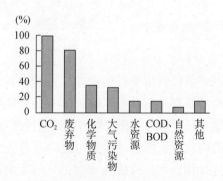

图 7 - 3　在评价环境方面影响时所使用的环境负荷物质的种类

注：大多数企业都包含 CO_2 和废弃物，采用化学物质和自然资源进行评价的较少。

出处：笔者根据大阪工商会议所（2005）制成。

7.2.2 企业中环境效率的应用案例

下面主要介绍环境效率的应用案例。新日本石油、东京电力（均为 2007 年时点）将本企业经营活动所诱发的环境影响与近5～10 年的产品产量进行了比较，用二者之比来验证企业这些年来环境效率的变化。新日本石油在计算环境效率时，分母数据采用的是以 LIME 对环境影响进行综合评价得到的数值，分子则采用产品的产量。如图 7 - 4 所示的环境影响综合化结果中，不仅显示了企业生产活动所产生的环境影响，还显示了产品使用时所产生的环境影响，这二者都包含在评价范围内。如果产品在消费时所产生的环境影响大，表明应该通过削减该产品生产工艺的环境影响来削减其在后续过程中所产生的环境影响。从图 7 - 5 中可以看出，从 2002 年到 2006 年间，新日本石油的环境指标提高了8.1%。如图 7 - 4 所示，对应于销售额的增加，产品消费时所产生的环境影响在不断得到削减。

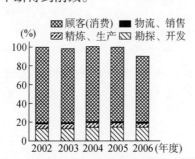

图 7 - 4 新日本石油环境影响的综合化结果

注：此表中不仅显示了产品生产时的环境影响，也包含石油产品消费时的环境影响评价。企业提供在使用时对环境影响下降的产品，其影响效果也有可能在环境效率指标中表现出来。

出处：新日本石油：《CSR 报告 2007》。

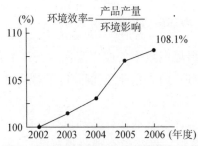

图 7-5 新日本石油环境效率指标示例

注：以产品产量为分子，以环境影响为分母，以 2002 年为基准值测定环境效率并进行评价。

出处：新日本石油：《CSR 报告 2007》。

162

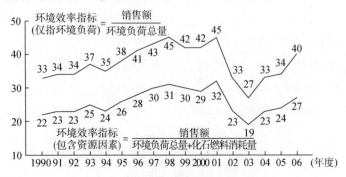

图 7-6 东京电力环境效率指标变化

注：作为分母的环境影响包含输入和输出，这里所显示的是只考虑输出的两种环境效率。

出处：东京电力：《可持续发展报告 2007》。

东京电力将综合的环境影响作为分母，通过 LIME 和 JEPIX 方法得到相关数据，以销售额作为分子，见图 7-6。其中，作为分母的环境影响，通常考虑资源消费（输入）和环境负荷物质排放（输出）两个因素，评价结果显示的是只考虑输出的情况。从评价结果看，1990 年代后半期，该企业的环境效率持续提高。2002年和 2003 年由于原子能发电的利用率较低，其环境效率也大幅下降，2008～2009 年则有所改善，以上两种方法都没有考虑放射性物质的安全性及风险。今后在 LCIA 方法中，如何加入这一因素是一个重要的研究课题。

表 7－1 对环境效率的应用案例进行了总结。

表 7－1　企业环境效率应用案例　　　　163

企业名称	项目	评价对象	分子		分母		
			对象	单位	对象		使用方法
东京电力	环境效率指标	企业活动	销售额	亿日元	综合化指标	CO_2、NO_x、SO_2、扬尘、氟利昂、煤炭、重油、原油、LNG、LPG	LIME、JEPIX
关西电力	环境效率	企业活动	营业利润	亿日元	综合化指标	CO_2、NO_x、SO_2、产业废弃物、石油、煤炭、LNG、核电废料	LIME
中部电力	环境指标	企业活动	综合化指标	CO_2、NO_x、SO_2、扬尘、COD、资源消耗	销售电量	kWh	LIME、CVM
新日本石油	环境效率	企业活动	产量	kL	综合化	CO_2、SO_2、NO_x、扬尘	LIME
科斯莫石油	环境生产率	企业活动	产量	kL	综合化		JEPIX、EPS
理　光	环境负荷利润指数	企业活动	销售总利润	日　元	综合化	CO_2、NO_x、SO_2、BOD、废弃物、PRTR 物质	EPS

大多数企业都将环境效率指标用于对企业经营活动整个过程的

评价，而在产品层面和环境活动层面的评价则较少。东京电力和新日本石油等企业，捕捉到近年来环境效率的变化点，并将其运用于继续实施环境经营的行动方针等方面，像这样的企业并不少。

另外，构成环境效率的要素也因企业而不同。对分母的取值分为两种情况，一是采用综合化指标，二是将 CO_2 作为环境影响的替代指标。在采用综合化指标时，应包含哪些物质来进行评价也因企业而异。由于环境影响的评价只是考虑包含在评价中被记录的物质，这一点在进行企业间比较时要特别注意。分子的取值及其定量化也因实施主体而不同，这也为运用这些数据评价整个行业带来了困难。

如前所说，采用 CO_2 和特性化方法能得到比较可信的、高水平的评价。但另一方面，也存在着环境影响评价的完整性这一问题。采用综合化方法的情况下，将环境效率指标用一个数字来表示，这样虽然便于沟通，但评价结果的可靠性还值得充分讨论。

环境效率指标的定义和构成要素虽然因评价对象各异，但都是在 WBCSD 关于环境效率的概念基础上选取指标的，因而也具有一定的共通性。

7.2.3　以国家和产品为对象的环境效率指标

前面所列举的案例是以企业的经营活动作为分析对象来讨论环境效率指标的。由于实施者采用的参数种类和范围不同，也难以与其他企业进行比较。但是，如果有基本的环境效率指标的话，不论对象如何也是可以进行评价的。比如，分子采用附加价值，分母采用环境影响的综合化指标的环境效率指标，就可以将国家、企业和产品作为对象，在同一概念下进行比较，见图 7-7。

分子采用附加价值时，国家层面可采用 GDP，企业层面可采用损益表数据，产品层面可采用销售额扣除直接材料费的数据来

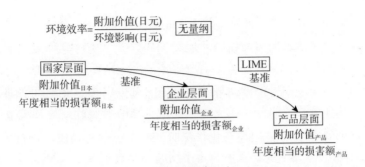

图 7 – 7　环境效率的思考方式

注：以附加价值为分子，以环境影响为分母，在概念相同的情况下，能分别在国家、企业和产品为对象的层面表示环境效率指标。

计算。除去与这些评价对象相对应的环境效率指标外，还能计算各种环境效率，表 7 – 2 中归纳了采用各种评价对象时的环境效率要素。

表 7 – 2　进行横向评价时测算环境效率的要素构成示例

评价对象	分 子		分 母	
	指 标	指标测算时所需要的资料	指 标	指标测算时所需要的资料
国家	GDP	SNA（国民经济账户）	伴随日本年度经济活动所产生的环境影响	LCIA 方法、标准值
企业	企业附加价值	损益报表	伴随企业年度经济活动所产生的环境影响	环境报告书、LCIA 方法
产品	产品附加价值	成本报表	产品售出为止所产生的环境影响	企业内部输入输出数据、LCIA 方法
产品生命周期	产品整个生命周期所获得的附加价值	成本报表、产业关联报表	产品整个生命周期所产生的环境影响	LCA 所用清单数据、LCIA 方法

比如，在计算国家的环境效率时，分子取 GDP 数值，将日本国内与经济活动同时产生的环境影响作为分母来计算环境效率指标，可以使我们了解日本国内所有产品和企业经营活动的环境效率的平均值。如果提前做好这些准备，就可以将企业经营活动和产品的环境效率的分析结果进行比较，能够参照此评价环境效率是否良好。

图 7－8 是若干产品和日本平均的环境效率指标（2005）。

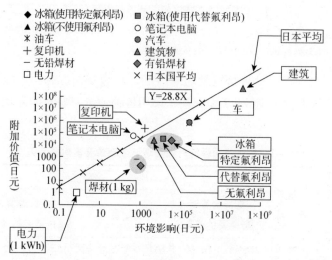

图 7－8　产品及日本国家的平均环境效率指标

注：图中，如果在日本国家平均水平的位置之上，则环境效率相对较高。

纵轴是附加价值，横轴是环境影响，将所有产品的生命周期都纳入了评价范围。此图中通过原点的直线所显示的是日本国内的平均值，直线上方意味着相对来说产品的环境效率比较高，附加价值因为企业或产品群而有所不同。从该图来看，并不能显示哪种产品更加优良，但是能够获得改善产品环境效率的目标信息。以冰箱为例，用替代品代替氟利昂作为制冷剂就可以削减环境影响，其结果显示环境效率得到改善（如图中所示，接近国内的平均值）。

7.2.4　环境效率指标的理想状态

虽然环境效率指标的采用因企业而各异，但关于这些不同会对指标本身产生什么影响的讨论并不多。在现阶段，我们假设可以采用以下指标作为环境效率指标而加以利用：①附加价值/环境影响；②经常利润/环境影响；③环境对策成本/环境影响。

作为实例，表 7 – 3 以某电力企业（2005 年度）为研究对象，显示了以上三个指标的计算结果。其目的是为了验证当分子采用不同经济指标时，所得到的环境效率有所不同的敏感程度，分母则采用了通过 LIME 计算出的综合化指标外部费用。

表 7 – 3　某电力公司的经济指标和外部费用关系及与环境效率指标的比较

	附加价值	经常利润	环境对策成本	外部费用
年总金额（亿日元）	25 420	2 810	1 570	2 060
与外部费用之比	12.3	1.36	0.76	—
与外部费用之差	23 360	750	−490	—
比值用途	可与国家的环境效率（由 GDP 计算所得）进行比较检验	可检验在考虑外部费用后利润的变化状况	可检验针对环境影响企业作了何等程度的努力	

"附加价值/环境影响"与环境效率的概念是一致的，分母分子都可以用货币单位来表示，其结果则可以无量纲表示。如前所述，国家可采用 GDP、产品可采用附加价值作为分子来进行计算，

168 即使国家、产业、企业、产品是不同的评价对象，也可以进行环境效率的比较（伊坪等，2004）。

　　"经常利润/环境影响"与采用附加价值的情况相同，也是与环境效率概念相匹配的。由于经常利润与环境影响（外部费用）的金额数字位数相同，因而也容易将二者的对应关系进行对比。二者之间的差值，则可以检验关于企业经营活动的黑字或赤字中所包含的社会成本。

　　采用"环境对策成本/环境影响"时，我们可以了解相对于经营活动而产生的环境影响，企业需要投入多少环境费用。这一数据虽然与环境效率定义的概念有所不同，但也可以使我们了解到企业致力于环境活动的相对强度的信息。同时，通过以上试算，对应于每年约 2000 亿日元的环境影响，企业在该年度所投入的费用和投资等总计约为 1500 亿日元，这也使我们了解到投入的环境对策费用与环境影响几乎是相同的。用这样的比值来比较企业和行业，可以评价企业在环境对策上有多大程度的投入。虽然我们不能得出哪一个最好的结论，但是也可以据此考察其特征，以便寻求或选择与实施者目标相一致的方法或路径。

7.3　因子的定义和应用动态

7.3.1　什么是因子？

　　环境效率计算中，分子和分母的量纲不同的情况很多。比如，分子是销售额（日元），而分母是 CO_2（kg），这种不同就会带来一些问题：这样的比值能否评价相对于上一年的环境效率的改善？指
169 标值本身 CO_2 排放的边际成本的不同意味着什么？这些都不明确。因子是评价对象与比较对象产品的环境效率比的指标，能够将环境

效率无量纲化。而且，由于因子所显示的是相当于基准产品多少倍的环境效率，其结果值也比较容易表示，这是因子的明显优点。

$$
因子 = \frac{评价产品的环境效率}{基准产品的环境效率} = \frac{\dfrac{评价产品的价值、功能}{评价产品的环境影响}}{\dfrac{基准产品的价值、功能}{基准产品的环境影响}}
$$

$$
= \frac{\dfrac{评价产品的价值、功能}{基准产品的价值、功能}}{\dfrac{评价产品的环境影响}{基准产品的环境影响}} \tag{7-2}
$$

德国 Wuppertal 研究所的 Weizsäcker 和 Schmidt-Bleek，针对发达国家生活水平提高和资源消耗量削减同时推进的情况，提出了具体的、长期目标的因子。它采用资源消耗量作为环境影响的代替指标，日本国内企业多数采用如上所示的环境效率之比值作为因子的定义。

日本国内的电器产品生产厂家提出了反映该企业环境理念的独特因子。下面，我们来介绍各企业计算因子的不同方法。

7.3.2　三菱电机案例

三菱电机用基准产品和评价产品的产品性能之比计算关于环境影响的各种比值，算出因子。

$$
因子 = \frac{\dfrac{评价产品的性能}{基准产品的性能}}{\dfrac{评价产品的环境负荷}{基准产品的环境负荷}} = 产品性能因子 \times 环境负荷因子
$$

$$
\tag{7-3}
$$

表7-4 三菱电机洗衣机的因子计算

因子3.52 = 产品性能因子1.620 × 环境负荷因子2.173

		环境负荷				产品性能
		M：资源有效活用	E：能源有效利用	T：所含环境风险物质		
基准产品	1990 年度 AW - A80V1	1	1	1	1.732	1
评价产品	2004 年度 MAW - HD88X	0.72	0.34	0.00	0.797	1.62
改善内容		资源消耗量削减28%	产品能源消耗削减66%	不使用铅		额定容量运行1 个周期的时间由63 分钟缩短为39 分钟
（A）环境负荷因子 = （1/评价产品的环境负荷）/（1/基准产品的环境负荷）						2.173
（B）产品性能因子 = （评价产品的附加价值）/（基准产品的附加价值）						1.620
（A）×（B）因子						3.52

注：环境影响评价是以资源、能源和环境风险物质为对象，分别与基准产品比较，从其平方和的平方根计算出产品性能因子。

出处：三菱电机：《环境、社会报告书2006》。

产品性能，是将产品的基本性能乘以产品寿命而得到的。以洗衣机为例（表7-4），将标准周期的运行时间作为基本性能（评价产品为39 分钟，基准产品为63 分钟），通过这两种产品运行时间的倒数求出产品性能因子（1.620）。环境影响（称为环境负荷因子）评价是按照综合化来进行的，这并不是已有的方法，而是三菱电机独创的计算方法。将 M（资源）、E（能源）和 T

（环境风险物质）三个指标作为研究对象来考察所评价产品
（2004 年度）相对于基准产品（1990 年度）的改善程度，从这些
值的平方和的平方根（对象产品为 0.797，基准产品为 1.732）算
出综合的环境负荷因子（2.173）。最后，将产品性能因子和环境 171
负荷因子相乘得出因子（3.52）。

表 7 – 5 日立制作所吸尘器的因子计算

项　　目　　＼　产　　品		基准产品	评价产品
生产年度		2000	2005
机　　型		CV – WD20	CV – PJ10
产品寿命（设计使用年限）		6	
产品性能	吸尘功率/产品重量	86	123
	吸尘功率（W）	560	640
产品重量（kg）		6.5	5.2

出处：日立制作所：《从因子 X 看日立产品和地球环境》（2006 年）。

7.3.3　日立制作所案例

日立制作所公开了涉及 30 个品目的因子。这些数据从地球温
室效应、资源、化学物质三个方面进行分析，但并没有将其综合
化，而是将各自作为分析对象来计算并公开其因子。化学物质是
用所限定的化学物质“有”或“无”来进行评价，计算出具体的
因子；地球温室效应、资源分别为两种数据。计算方法如下：

$$地球温室效应防止因子 = \frac{评价产品的温室效应防止效率}{基准产品的温室效应防止效率}$$

$$= \frac{\left(\dfrac{产品寿命 \times 产品性能}{生命周期的温室效果气体排放量}\right)_{评价产品}}{\left(\dfrac{产品寿命 \times 产品性能}{生命周期的温室气体排放量}\right)_{基准产品}}$$

$$资源因子 = \frac{评价产品的资源效率}{基准产品的资源效率}$$

$$= \frac{\left(\dfrac{产品寿命 \times 产品性能}{\displaystyle\sum_{资源} 资源价值系数_{资源} \times 生命周期的资源量_{资源}}\right)_{评价产品}}{\left(\dfrac{产品寿命 \times 产品性能}{\displaystyle\sum_{资源} 资源价值系数_{资源} \times 生命周期的资源量_{资源}}\right)_{基准产品}}$$

$$(7-4)$$

172

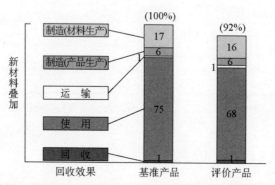

	基准产品	评价产品
每单位性能的资源回收量所相当的温室气体排放量（kg/单位性能）	132	121
温室效应防治效率	3.9	6.1
温室效应防治因子	1.6	

图7-9 日立制作所吸尘器的温室效应防止因子测算结果

注：由使用时的节能效果、吸尘能力提高带来的产品性能提高，可测算出温室效应防治因子为1.6倍。

出处：日立制作所：《从因子X看日立产品和地球环境》（2006年）。

表 7 - 5 显示的是吸尘器的评价数据。表中是所计算的因子在评价产品与基准产品之间的比较状况。

图 7 - 9 及图 7 - 10 所显示的是对吸尘器的评价案例。地球温室效应（图 7 - 9）的评价是用 LCCO$_2$ 来考察，结果分别显示为产品生产和使用的两个生命周期阶段。在基准产品（2000 年）中，使用阶段的环境负荷占整个产品生命周期的 75%，从对评价产品的分析看，这一阶段的环境负荷减少了 8%（基准产品是 132kg/CO$_2$，评价产品是 121kg/CO$_2$）。吸尘器的性能用每单位重量的吸尘功率来表示。由于评价产品与基准产品相比重量有所减轻（基准产品为 6.5kg，评价产品为 5.2kg），吸尘功率提高（基准产品为 560W，评价产品为 640W），其性能相应提高了 50%（基准产品为 560W/6.5kg，评价产品为 640W/5.2kg）。从产品的性能改变来看，其防止地球温室效应因子是 1.6 倍 ［基准产品为 （560/6.5）×6/132 = 3.9，评价产品为 （640/5.2） ×6/121 = 6.1，6.1/3.9 = 1.6］。

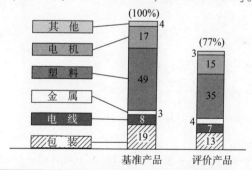

	基准产品	评价产品
单位性能生命周期的资源量（kg/单位性能）	8.0	6.0
资源效率	64	122
资源因子	1.9	

图 7 - 10　日立制作所吸尘器的资源因子测算结果

注：由塑料使用量削减和产品性能提高，可测算出资源因子为 1.9 倍。

出处：日立制作所：《从因子 X 看日立产品和地球环境》（2006 年）。

174　　　在资源因子的计算中采用产品生命周期中的资源量,用新使用的资源量和废弃资源量之和来表示。也就是说,求出生命周期中投入的全部资源量和全部废弃量,从其结果中扣除重新回收利用的量即可计算出资源量。资源价值系数,可以作为相当于 LCIA 中的特性化系数加以利用,现阶段暂时将所有的系数都确定为 1。在这个例子中,由于产品的小型化削减了塑料的用量,削减程度达 20%。将产品性能除以资源消耗量即可获得产品之间的比值,由此得出资源因子为 1.9 [基准产品为(560/6.5)×6/8 = 64,评价产品为(640/5.2)×6/6 = 122,122/64 = 1.9,如图 7 - 10 所示]。

　　松下电器和日立制作所几乎采用了相同的路径和方法进行因子计算。

7.3.4　东芝案例

　　东芝以电器产品、办公设备、社会基础设施等多种产品为对象进行了因子计算。

$$因子 T = \frac{\dfrac{评价产品的价值}{基准产品的价值}}{\dfrac{评价产品的环境影响}{基准产品的环境影响}} = \frac{价值因子}{环境影响因子} \qquad (7-5)$$

　　价值因子的计算是运用 QFD(Quality Function Deployment,质量功能展开),如图 7 - 11 所示冰箱价值因子的测算步骤。首先要获取冰箱的若干性能,将其按重要程度和实际值制成一览表。对于冰箱所耗电量、运行噪音之类的指标,人们喜欢越低越好,可将其变换为实际值的倒数,其结果当然就是越大越好。然后,将这175 些数值标准化。据此,将得到基准产品和评价产品中经过校正的实际值一览表。这一案例显示了所有新产品中的高性能。在结果中乘以性能的重要程度再经过修正后，取得所有的性能加权修正值之和，最后，通过基准产品和评价产品的比值来求出价值因子。

环境影响因子的计算，也可以活用通过 LIME 得到的综合化结果而获得。其评价步骤如图 7 - 12 所示。将基准产品和评价产品的材质构成作为基础数据来实施 LCI，其结果乘以 LIME 的综合化系数，将这些进行加和，就能计算出产品的环境影响。获得二者之比就可以算出环境影响因子。在基准产品中采用的冷媒和发泡剂是 HCFC，后来采用了无氟利昂的替代品，可以大大削减环境影响，这就直接与环境改善相联系。最后，将价值因子用环境影响因子相除，进而求出因子（东芝称为因子 T），即 1.546/0.295 = 5.24。

对于东芝来说，价值因子不只表示单一的性能，而是覆盖了若干性能指标。而且，在综合化的评价点上，环境影响因子不仅仅限定在地球温室效应和资源等特定的环境问题方面，还能覆盖 LIME 评价范围，所获得编目数据，体现出与其他企业很大的不同。

7.3.5　富士通案例

富士通公司将服务作为分子，将环境影响作为分母来计算因子，公开发表了以电脑为评价对象的评价结果。

$$因子 = \frac{\dfrac{评价产品的服务}{基准产品的服务}}{\dfrac{评价产品的环境影响}{基准产品的环境影响}} \qquad (7-6)$$

对于服务，富士通用产品若干性能的物理指标来表示，将这些数值的平方和平均后计算出综合的服务指标。表 7 - 6 是由富士通公司运用评价所得出的服务指标制成的参数表。就电脑而言，

○运用QFD方法，对产品的多种功能进行综合评价

品质特性	重要程度	实际值 基准产品	实际值 评价产品	改善方向	改善带来的修正(A) 基准产品	改善带来的修正(A) 评价产品	规格化(B) 基准产品	规格化(B) 评价产品	加权修正(C) 基准产品	加权修正(C) 评价产品
耗电量 (KWh/年)(1)	11.203	844.0	150.0	↑	0.001	0.007	0.178	1.000	1.991	11.203
门操作力(N)(2)	9.189	25.0	25.0		0.040	0.040	1.000	1.000	9.189	9.189
箱内温度变动(℃)(3)	2.361	4.0	0.8	↓	0.250	1.250	0.200	1.000	0.472	2.361
箱内湿度(%)(3)	4.174	25.0	85.0	↑	25.000	85.000	0.294	1.000	1.228	4.174
运行噪音(dB)(1)	9.720	25.0	20.0	↓	0.040	0.050	0.800	1.000	7.776	9.720
有效容积(L)(1)	3.972	405.0	407.0	↑	405.000	407.000	0.995	1.000	3.953	3.972
快速制冰时间(分钟)(4)	9.043	0.017	60.0	↓	0.017	0.017	1.000	1.000	9.043	9.043
箱内亮度(LUX)(4)	4.485	42.0	60.0	↑	42.000	60.000	0.700	1.000	3.139	4.485
储冰量(个)(5)	8.072	120.0	150.0	↑	120.000	150.000	0.800	1.000	6.458	8.072
					①		②		③	

合计 64.689 | 100.000

评价产品的价值100.000 ÷基准产品的价值64.689 = 1.546

价值因子 1.546

① 改善向上的项目，取其数值；改善向下的项目，则取其倒数较大，因而进行数值变换。
② 数值大变换为基准值数值
③ 乘以重要程度，进行加权。

注：(1) 耗电量是根据JIS C9801。噪音，有效容积是根据JIS C9607进行测算的。
(2) 门操作力是根据不收纳食品的情况下，握住门手柄开门所需要的力量来测算的。
(3) 外部温度30℃，门不开关时，箱内温度变动，箱内温度随着外部温度、食品量、门开关量是指箱内中央部分的变化。
(4) 箱内亮度是指箱内中央部分的亮度。
(5) 储冰量是指保存小冰块个数。

出处：东芝主页（截止于本书初版时点）。

图7-11 东芝价值因子的测算步骤（冰箱）

将 CPU 的时钟频率[1]、硬盘和内存容量等三项作为其性能的描 177
述指标，分别求出评价产品和基准产品在这些性能上的比值，再
求出二者的平方和。

$$\frac{评价产品的服务}{基准产品的服务} =$$

$$\sqrt{\frac{1}{n} \times \sum_{i=1}^{n} S_i^2} = \sqrt{\frac{1}{3} \times (15.0^2 + 16.0^2 + 24.7^2)} = 19.1$$

$$(7-7)$$

表 7-6 富士通笔记本电脑服务指标测算所采用的参数一览表

机能、性能	单位	FMV-5120NA/X （基准产品）	FMV-718NU4/B （评价产品）	评价产品/基准产品
CPU	GHz	0.12	1.8	15.0
存储器	MB	8	128	16.0
硬 盘	GB	0.81	20	24.7

出处：富士通：《社会、环境报告书 2005》。

表 7-7 富士通笔记本电脑环境影响和因子评价结果

	FMV-5120NA/X （基准产品）	FMV-718NU4/B （评价产品）
生 产	246.4	220.2
配 送	7.1	3.0
使 用	122.1	80.9
废 弃	-2.9	-7.0
合 计	372.7	297.2

出处：富士通：《社会、环境报告书 2005》。

---

〔1〕 时钟频率，是提供电脑定时信号的一个源，这个源产生不同频率的基准信号，用来同步 CPU 的每一步操作，通常简称其为频率。CPU 的主频，是其核心内部的工作频率（核心时钟频率），它是评定 CPU 性能的重要指标。——译者注（来自百度）

○采用LIME进行了综合化处理

● 材料构成

	项目	基准产品	评价产品
钢 铁	电镀钢板(g)	48 200	38 856
铜	锻制铜产品(g)	3 680	3 108
铝	铝轧制产品(g)	1 280	999
树 脂	热硬化性树脂(g)	0	68
	热可塑性树脂(g)	27 510	29 732
	高性能树脂(g)	10	61
塑料产品	塑料产品(g)	7 180	8 989
发泡剂	环己烷(g)	0	71
制冷剂	丁烷、丁烯(g)	0	496
发泡剂	HCFC-141b(g)	840	0
制冷剂	HCFC-22(g)	200	0
其 他	玻璃、电子零部件(g)	240	13 721
纸浆、纸、木制品	瓦楞纸板(g)	5 319	6 275
木材、纸、木制品	木材类(m³)	0.001	0.001

①

● 清单分析结果

	项目	基准产品	评价产品
	能源消耗(发热量)(MJ)	46 503	15 349
大气	CO₂排放量(g)	3 172 286	1 052 596
	SOₓ排放量(g)	3 184	1 054
	NOₓ排放量(g)	3 004	1 152
水域	COD(g)	3 394	3 056
	T-N(g)	1 322	1 059
	T-P(g)	585	262
土壤	废弃物(g)	42 726	60 107
资源消耗	石油(L)	281	112
	煤炭(g)	429 352	135 763
	天然气(g)	305 426	94 794
	铁矿石(g)	14 446	9 865
	铜矿石(g)	1 520	73
	铝矿石(g)	80	477
	锌矿石(g)	518	
	铝土矿(g)	5 230	4 536

②

● 影响评价结果

项目	基准产品	评价产品
地球温室效应(GWP)	4 002.0	1 054.0
臭氧层破坏(ODP)	0.1	0.0
酸性化(DAP)	5.4	1.9
富营养化(EP)	1.5	0.9

③

● 保护对象

项目	基准产品	评价产品
人类健康(DALY)	7.8×10⁻⁴	2.1×10⁻⁴
社会资产(日元)	5.5×10³	1.7×10³
初级生产(kg)	4.0×10	1.5×10
生物多样性(EINES)	3.8×10⁻¹¹	2.6×10⁻¹¹

④

● 综合指标

项目	基准产品	评价产品
损害金额(日元)	14 001	4 128

$$\frac{\text{评价产品的环境影响 } 4\,128}{\text{基准产品的环境影响 } 14\,001} = 0.295$$

环境影响因子 0.295

① 将使用的各种材料分解并提取，依据清单分析了解它们以何种形式对环境产生影响并提建议整理。
② 算出各个项目对环境产生的不良影响。
③ 估算各种影响要素对环境保护对象产生多少影响。
④ 综合各保护对象遭受了怎样的损害，并计算出金额。

出处：《从因子X着眼日立产品和地球环境》（2006年）。

图7-12 东芝环境影响因子评价步骤（冰箱）

环境影响评价中的清单数据采用生态标志（Ⅲ型环境标签），将这些数值运用于 LIME 的综合化系数后求出基准产品与评价产品的环境影响，获得数据的比值（297.2÷372.7＝0.80）。最后，取服务（19）和环境影响（0.8）的比值，求出因子（24）（图7－13）。在整个案例中，以提高硬盘性能为主的服务提升，对因子整体的提升有较大影响。

179

考虑服务和环境影响两个因素而计算出的因子结果见图7－13。可以看出，随着服务的较大提升，能够较好地削减环境影响，并能确保得到高的因子。

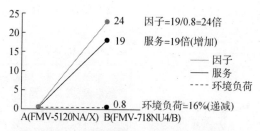

图 7－13　富士通笔记本电脑因子的测算结果

注：服务的大幅度提升削减了环境影响，使得因子值较高。

出处：富士通：《社会、环境报告书2005》。

表7－8对各个企业所采用的因子特征进行了总结。总体来说，比起企业层面，从产品层面进行评价的案例较多；环境效率的利用动向也各不相同。这些实施企业都是生产多个品类产品的大企业，其中多数企业已经公开了数十个品类产品的环境效率评价结果。

180

从构成因子的要素来看环境效率的计算，几乎都是用分子表示价值、分母表示环境影响，但价值和环境影响的采用指标因企业而有所不同。对价值的计算，有的以产品寿命和特定性能的乘积来计算，有的将若干性能作为测量对象由产品化的平方和来得出，有的将产品的大多数性能的 QFD 进行综合化而求出。关于环境影响，考虑地球温室效应和资源是很多企业的共通点，而是否对其结果进行综合化则因企业而异。

表7-8 各企业所采用因子的动态

企业名	评价对象	参照产品	环境效率的分子		环境效率的分母		
			种　类	计算方法	种　类	对　象	方法
东　芝	吸尘器、冰箱、洗衣机、空调等	1995年产品	产品的综合价值	QFD	综合化	CO_2、NO_x、SO_2、资源等	LIME
日立制作所	显示器、蒸汽发生器、电梯等	根据产品而不同	生活价值	产品寿命和特定性能的乘积	资源、温室效应、化学物质	资源消耗量、CO_2	
松下电器	洗衣机、电视等	1991年产品	生活价值	产品寿命和特定性能的乘积	资源、温室效应、化学物质	资源消耗量、CO_2、是否使用化学物质	
富士通	电　脑	1996年产品	产品服务	各种性能和产品之比的平方和	综合化，ECOLEAF数据	资源消耗量、CO_2、NO_x等	LIME
三菱电机	产　品	1990年产品	产品性能	产品寿命和特定性能的乘积	综合化	资源消耗量、耗电量和有害物质的平方和	独自

附录　环境效率和因子的讨论

如前所述，不同的企业都利用环境效率和因子来测算产品环境性能的差异。今后，随着各个企业的运用，这样的实例也会增加。尽管如此，我们也可以对环境效率和因子进行一些讨论。

（1）指标的共通性。环境效率和因子的概念即使相同，被用做因子而采用的指标在不同的企业间也是不能调整的。因此，由此来进行企业间的比较是比较困难的，同时对指标的含义也容易有误解。关联企业共同发行有关因子的指南，对于促进相互理解是有积极作用的，但是现在还没有提出共同利用的指标。就环境效率指标定义本身而言，企业也在追求其独创性，这一现状是企业要考虑的一个重要因素。

（2）结果的运用方法。因子和环境效率都从环境以外的层面即经济性来考虑对于产品性能来说的环境问题。环境方面即使恶化，经济方面如果能使恶化得以改善，因子也能够提高。重视性能和经济的效率性的结果，可能会使增加环境影响的产品被正当化而加以利用。因此，像东芝和日立制作所那样，不只是看因子，还要考虑作为因子构成要素的环境和性能两方面是否相互适应，这一点很重要。

（3）基准产品的选择标准。因子往往会因所选择的产品而不同。大多数企业以企业过去生产的产品作为基准产品。那么，过去多少年前生产的产品可以作为基准呢？同年代生产的若干产品中又选择哪一种作为基准？这些都是问题。我们认为，验证基准产品的选择对因子的数值会产生什么样的影响是很有必要的。

（4）数值含义的明确性。环境方面 1 单位的变化和产品价值层面 1 单位的变化，其含义是不一样的。环境效率指标的分子和分母同时增加 1 倍的情况下，环境效率是同一结果。但是，分子和分母同时增加 1 单位的情况下，有的环境效率表现出提高，而有的环境效率表现出下降。

（5）计算的透明化。环境影响评价，因情况不同其结果也不一样。例如，对于冰箱，人们将使用了特定的氟利昂的产品作为基准产品来考虑，设想如氟利昂全部排放其环境影响将非常大，结果是现在产品的因子值较高。但是，回收氟利昂或将其经过处理后再排放都会大大降低环境影响。这样一来，现在所生产的产品的环境效率就可能会变小。因此，在进行评价时，确保所采用方案和参数的透明度是很重要的。但是，如果对此过于重视，又可能使解释变得冗长，反而使人们对环境效率的理解变得困难。

（6）作为 CSR 指标的导向性。为哪个主体计算环境效率？分母采用环境影响所表现的是企业与环境之间的关系；而分子采用销售额、利润等相对于社会利益来说更多关注企业内部。在这种情况下，环境效率是否还意味着显示了对 CSR 和社会的贡献？这也是一个被人们关注的问题。

环境效率和因子的采用时间并不长，还处于发展、推进阶段。我们期望通过研究和讨论，能够使其得到更多改善。

思考题

1. 现在，环境效率正在所有的产业中渗透。请阐述其概念及其得到迅速普及的原因。

　　2. 请整理环境会计的运用动向。分别从定义（分子、分母数值的选取）、利用方法（利用哪些信息媒体）、表示方法等各个方面进行讨论。同时思考其原因，讨论因企业不同而采取的不同方法。

　　3. 在整理环境效率和因子的不同点时，请思考其各自的特征和相关的课题，并进行整理。

 参考文献

1. 伊坪徳宏、稲葉敦編：『ライフサイクル環境影響評価手法——LIME‐LCA、環境会計、環境効率のための評価手法・データベース』，産業環境管理協会 2005 年版。

2. 伊坪徳宏、本下晶晴、稲葉敦：「環境の外部費用を活用した国・企業・製品における環境効率指標の開発」，載『環境情報科学論文集』2004 年第 18 号。

3. 大阪商工会議所（環境推進委員会環境経営研究分科会）：『環境経営に関する調査・研究報告書——環境報告書・環境会計・環境教育・環境経営指標・CSR 等』，2005 年。

4. コスモ石油：『サステナビリティレポート2005』，2006 年。

5. 新エネルギー・産業技術総合開発機構、産業環境管理協会：『平成 14 年度 製品等ライフサイクル環境影響評技術開発』，2002 年。

6. 新エネルギー・産業技術総合開発機構、産業技術総合研究所ライフサイクルアセスメント研究センター：『平成 15 年度成果報告書「二酸化炭素固定化・有効利用技術等対策事業/製品等ライフサイクル二酸化炭素排出評価実証等技術開発/インパクト等LCA」』，2003 年。

7. 新日本石油：『新日本石油グループ CSRレポート2007』，2007 年。

8. 中部電力：『環境レポート 地球環境年報』，2006 年。

9. 東京電力：『サステナビリティレポート2007』，2007 年。

10. 松下電器産業：『松下電器グループ・環境経営報告書 2004』，2005 年。

11. 三菱電機：『環境へ取り組み』，2006 年。

12. リコー：『リコーグループ環境経営報告書2004』，2005 年。

第 8 章　环境信息披露和环境报告书

185

要点

　　环境经营不只是用于企业的内部管理，企业为了获得来自各利益相关者的支持而公开环境信息也是不可缺少的。本章将从三个方面对环境信息的公开进行阐述。一是利用面向政府的报告制度，二是独立的环境报告书和可持续发展报告，三是对应于现有的信息披露制度的环境信息报告。特别要着重介绍日本在推进独立环境报告书进程中，对实务影响较大的环境省和GRI 的两个指南。环境信息不只是公开那么简单，其可信赖性是非常重要的。因此，本章还将讨论如何确保环境信息的可信赖性。

关键词　　环境责任　环境报告指南　GRI 指南　利益相关者互动
　　　　　　会计法现代化指令　非财务信息披露　综合报告　环
　　　　　　境信息的可信赖性

8.1 为什么要披露环境信息?

8.1.1 什么是环境信息披露?

企业环境信息披露，就是各企业将自身采取了哪些环境行动、企业经营活动所产生的环境负荷的大小、企业对环境负荷的改善程度等与环境有关的信息，向消费者、股东、投资人、员工、交易伙伴、所在社区的人群等各类利益相关者公开。这是构成环境经营的重要因素之一。因为环境经营并不是终结于企业的内部管理，其行动有必要得到来自外界的各个利益相关者的支持；利益相关者要对企业行为进行评价，环境信息是不可缺少的。这就是环境信息披露的理论依据，下面讨论环境责任。

8.1.2 环境说明责任

在英文中，accountability 有"说明责任"的含义。这一责任是由委托和被委托的关系而产生的。接受了某种资源和权力委托的受托者，有必要向委托者说明如何使用了这些资源、达到了怎样的结果等，这就是"说明责任"。比如，经营者要预先从股东那里获得资金进行经营活动等，每年都有责任作出决算向股东报告经营成果。这就是财务层面的"说明责任"。

那么，什么是关于自然环境的"说明责任"呢？了解与大气、水等相关的环境问题的企业所有者并不多，对这些环境资源的利用是受谁委托也并不明确。但是，正如被称为"地球号宇宙飞船"那样，如果考虑这些物质的有限性，地球环境可以说是全社会的共有财产，没有理由肆意挥霍。虽然人们都在一点一滴地利用自然环境，但是企业活动对地球环境的影响是相对较大的，因而企业对于自然环境应该充分顾忌，对于自然资源应该友好使用。也就是说，虽然自然环境是沉默不语的，但应该建立起对地球环境这一共有财产是受委托的、必须有限度地加以利用的意识。而且，企业有责任将其利用状况向社会报告。这就是与环境相关联的责任，即环境责任。

和财务"说明责任"不同，环境"说明责任"还没有通过法律化的制度加以确立。但是，环境报告书的制作已经在很多企业中实施。这种思路和做法可以看做环境责任在实践中的实质性渗透。

187

8.1.3　企业价值评价和风险管理

环境信息披露在企业其他方面的管理中也渐渐成为必需。因为企业怎样应对环境问题，会给企业的经营绩效和企业价值带来一定程度的影响。比如，为应对环境风险而开发环境友好型产品，将会影响企业的业绩，在环境方面的评价也会影响人们对企业的整体评价。目前，主动公开环境信息对企业社会评价的重要性日益凸显，众多的投资者也都要求企业公开环境信息。

相反，如果企业发生了环境问题，有意隐瞒事实或只公布少量信息，则会招来更多的谴责，企业形象和品牌形象等都会受到更大的损害。这也意味着，从企业风险管理的角度来看，及时公开环境信息是很重要的。

8.1.4　环境信息披露的方法

从实际来看，已经有几种环境信息披露的方法：一是企业特定的环境部门有义务向政府提交环境信息，这些信息由政府汇集后向社会公开。日本对化学物质和温室气体排放信息的公开已经制度化。二是企业独立制作包含环境问题的报告书，向社会公布。

这种报告书被称为环境报告书，也是日本企业环境信息披露的主要方式。三是在现有的信息披露制度中加入环境信息，特别是面向投资者的信息披露制度，如在上市公司的报告中加入环境信息。

下面就这三种方法依次给予说明：

8.2　面向政府的报告和环境信息披露

8.2.1　地域知情权法律和 TRI 制度

在向政府报告的制度中，最有名的是美国的有毒物质排放清单（TRI）制度。该清单中列出了 666 个种类的有害性较高的化学物质群，各个企业每年都应将这些物质的储存量、排放量、转移量等向政府报告，美国环境保护署（USEPA）向社会公开此类物质的数据库。这一制度形成的契机是曾经在印度发生的不幸事件。

1984 年，美国的跨国公司联合碳化物公司在印度博帕尔开办的一家农药厂发生了严重的异氰酸甲酯泄漏事故，造成员工和附近居民数千人死亡。此后不久，位于美国西弗吉尼亚州的该公司的一家工厂又发生了类似的毒气泄漏事件。至此，对于在哪个工厂、使用了什么物质、该物质有何种程度的危害等信息，当地居民必须拥有知情权的呼声高涨。其结果是 1986 年《应急计划与社区知情权法案》（EPCRA）的产生，其中提出了 TRI 制度。1990 年美国制定了《污染防治法》（Pollution Prevention Act），TRI 制度也因此得到充实。

USEPA 制定 TRI 制度的目的，是希望通过对信息的了解，提高市民对这类事情的感知能力，提高对企业如何管理有害化学物质等问题的关注度，以此发挥对企业的问责作用。事实上，美国有若干 NPO 组织对 TRI 提供的信息进行加工，使其更通俗易懂，并通过互联网等向社会公开。这一制度仅仅要求对所排放的化学物质进行报告，并没有规定企业有义务削减化学物质。但在现实中，向公众公开相关信息的做法，已成为企业削减排放量的压力。

8.2.2　基于 PRTR 制度的环境信息披露

面向政府的化学物质报告制度，在荷兰等部分欧洲国家以前就有，只不过其总称不是现在所说的 TRI，而是被称为污染物排放、移动登记（PRTR）制度。1996 年世界经济合作与发展组织（OECD）理事会建议在其成员国中导入 PRTR 制度，日本首先接受了此建议，于 1999 年制定了《化学物质排放管理促进法》（化管法），2000 年开始实施。

根据这一法律，第一类是将指定的 462 种化学物质作为管理对象，每年处理量在 1 吨以上的企事业单位，对这类物质每年的排放量和作为废弃物的移动量，必须通过所在地政府向国家主管部门提交相关报告。

与将环境信息披露作为重点的美国 TRI 相比，荷兰的 PRTR法律则将为国家环境政策体系规划而进行的基础环境信息的收集作为重点，日本的 PRTR 也侧重于这一方面。因此，所公开的是集合的环境信息报告，而不是公开每个企业的相关信息。当然，如果企业向政府提出公开申请，则企业的相关信息也可以公开。也就是说，日本是通过政府来公开关于化学物质的相关环境信息的。

从企业的角度看，只是公开这样的信息，可能会被当地居民因这些信息而日益增强的不安感所困扰。因此，企业必须重视风险沟通，除了对有害性高的物质进行切实的管理外，还应主动将其管理状况向当地居民说明，以得到居民的理解。

8.2.3 基于温室效应对策促进法的环境信息披露

在向政府报告并公开环境信息的制度中，也包括温室气体相关的问题。2006 年 4 月，日本修正了《地球温室效应对策促进法》，要求企事业单位评估温室气体排放，向政府报告，并将此规定为企事业单位的义务。温室气体是对地球温室效应产生重要影响的气体，如 CO_2、CH_4、N_2O、HFC、SF_6、PFC 等几大类化合物的总称，它们均被换算成 CO_2 的排放量而向政府报告。被纳入报告制度的对象在《日本节约能源法》中有明确规定，如第一类和第二类能源管理工厂、特定的运输企业（包括特定的旅客运输企业）、生产过程中因为化学反应而每年排放 3000 吨以上温室气体的企业。

日本政府将来自不同企业、不同行业和不同都道府的数据汇总后进行公布，也应某些企业的要求而公开企业的相关数据。对温室气体排放的关注也推进了日本的环境信息披露制度。

8.2.4 向政府报告制度的意义和局限性

上面我们讨论了向政府报告制度的基本框架，现在来讨论其意义。首先可以明确一点，这是具有强制力的制度，要求所规定的企事业单位公开环境信息。这一点，与后面将提到的由企业自主的环境报告书制度相比，有很大的不同。另外，数值的测算方面也规定了共同的、明确的测算标准，基于共同标准的数据对于信息披露是非常重要的。而环境报告书是由企业自主的信息披露方式，即使是同样的 CO_2 排放量，各企业测算依据不同也可能会带来结果的差异。

作为一种法律制度，其在现实运用中也存在一些问题，如信息的精度和覆盖率等都需要再进行研究。信息的精度反映的是测

量和计算达到的正确程度。测算基准是规定的，但实际测算是企 191
业自主进行的。就覆盖率而言，在法律上被纳入报告对象的企事
业单位应在多大比例上提交报告也是一个问题。因为这是自主报
告型的制度，不知道自己是报告对象的企事业单位就可能不会
报告。

　　另外，环境信息披露制度也存在一定的局限性。首先，它只
包括对指定化学物质和温室气体这样的特定对象的报告事项进行
了详细规定，因而就不可能有更广范围的环境信息披露。其次，
该制度原来是以风险评价为目的，而不是以企业评价为目的的制
度，因此难以发挥对企业的评价功能。例如，如果不对企业的规
模、行业、业务内容等进行实际调查，仅仅从化学物质排放量的
多少是不能进行企业间的比较的。最后，如果不对与之相适应的
企业的环境方针、管理体制、具体措施等进行了解，也难以对企
业作出切实的评价。该制度规定，企业公开该制度所涉及的相关
信息必须经过申请，这也会给信息的使用带来困难，即并不是谁
都可以方便地获得相关信息。这也是该制度的局限性。

8.3　环境报告书

8.3.1　什么是环境报告书？

　　环境报告书是企业所提交的报告。企业应对环境问题所采取
的基本方针、具体措施、实际的环境负荷状况及其变化等都包含
在报告内容中。2004 年，日本制定了《环境友好行动促进法》，
将独立行政法人、国立大学等都纳入了管理对象，将公开发表环
境报告书作为这些组织的义务。但是，对于一般的民间企业，《环 192
境友好行动促进法》只将公开发布环境报告书规定为其努力的方

向，因而没有强制力，各个企业也是根据自身的做法来完成环境报告书。尽管公布环境报告书的企业数量在逐年增加，据日本环境省的调查，截止到2006年，发布环境报告书的企业已超过1000家，而此后的增加数量并不明显（表8-1）。在丹麦，公开发布环境报告书被规定为企业的义务，但多数国家还是将其作为企业自己视情况而定的选择项。

近年来，与环境相关联的问题，如人权与工作环境、产品安全等几乎与社会的各个方面相关联，范围也在日益扩大。因此，以《社会·环境报告书》、《可持续发展报告书》、《企业社会责任报告书》等为载体的信息披露的数量也在增加。对此，我们将在第12章中详细讨论对应于从环境经营向 CSR 经营变化的动向。

表8-1　日本公布环境报告书的企业数量的变化

调查年度	回复调查的企业数	完成环境报告的企业数	比率（%）
2000	2689	430	16.0
2001	2898	579	20.0
2002	2967	650	21.9
2003	2795	743	26.6
2004	2524	801	31.7
2005	2691	933	34.7
2006	2774	1049	37.8
2007	2819	1011	35.9
2008	3028	1160	38.3
2009	3036	1091	35.9

出处：根据环境省《环境友好企业行动调查·调查结果》（2000～2010年版）数据整理而成。

8.3.2　环境报告书日益普及的原因

虽然并没有将其确定为法律义务，但为什么越来越多的企业公布环境报告书呢？总体来看，可以说是环境问责的思考方法正在广泛渗透，更具体的来说，从社会层面获得好评和信赖是企业所必需的。但是，在 1995 年之前，日本几乎没有公布环境报告书的企业，而在 1990 年代后期公布环境报告书的企业迅速增加，有以下几个重要原因：

首先是环境管理体系的渗透。虽然国际标准化组织发表的 ISO14001（1996 年）并没有将完成环境报告书作为一项要求的内容，但是，在从第三方取得认证的过程中，相关环境部门将完成环境报告书作为了一项认证项目。其次，随着环境管理体系的构筑，应对环境问题的行动体系和体制也应运而生，这些都是应该记录在环境报告书中的内容。环境管理标准是生态管理和审核计划（EMAS）的主要组成部分，其中将完成环境报告书作为一项要求内容，这也成为促进环境报告书在欧洲得到推广的原因。

在美国，其发展的背景是社会责任投资（在第 11 章中将详细叙述）。1989 年环境责任经济联盟(CERES)[1]在美国成立，迫于股东提案的压力，完成环境报告书的企业数量一直在增加。与之相对，企业也成立了公共环境报告倡议（PERI）组织等，独立公布了环境报告书指南，并进行了一系列活动。这些国际动向都对日本企业产生了影响。

对优秀的环境报告书给予表彰的制度的确立，也促进了企业完成环境报告书。这里首先要提到的是英国特许公认会计师公会（ACCA）。该组织于 1991 年开始将英国企业作为考察对象建立起

---

〔1〕　CERES 的成员主要来自美国各大投资团体及环境组织，工作重点在于促使企业界采用更环保、更新颖的技术与管理方式，以尽到企业对环境的责任。

了表彰制度。目前，这项表彰制度已遍及欧洲，还与 CERES 共同建立了在北美的相应表彰制度，并且在马来西亚、香港、新加坡等东南亚国家和地区以及斯里兰卡、巴基斯坦等国家得到认同。1997 年环境厅（现环境省）赞助了日本环境行动计划大奖（即现在的环境沟通大奖），1998 年东洋经济新闻报社和环境 NPO 共同主办了"绿色报告论坛"，开启了日本对优秀的企业环境报告书进行奖励的历程。

公开发布指南，明确环境报告书中应该登载的内容也是促进环境报告书推广的一个重要原因。现在有若干指南公布，但对日本实务界影响最大的指南是以下两个：

8.3.2.1 日本环境省的《环境报告指南》

1997 年日本环境省公布了最早的指南《环境报告书制作指南——简单易懂的环境报告书制作方法》。此后，于 2001 年发布了《环境报告书指南（2000 年版）》，2004 年又对其进行了重新修订，2007 年又发布了《环境报告书指南（2007 年版）》。在 2007 年版的第 1 章对环境报告书的定义和功能进行了说明，并提出了制作的一般原则。第 2 章和第 3 章说明了报告中需要登载的各项内容。其一般性原则可列举如下：①目的适应性；②可信赖性；③便于理解；④容易比较。其中的目的适应性是指要与报告的使用者即利益相关者的期待和需求相适应，为他们提供进行投资判断的信息。为了确保可信赖性，必须保证信息的覆盖面、正确性、中立性和可检验性。

环境报告书中具体的登载项目如表 8-2 所示，列举了 5 个领域 29 个项目。其中，（1）所提到的经营者责任，是反映经营者如何思考应对环境问题的行动的基本态度和方针、企业对社会的承诺等，这是企业环境经营的出发点。由于环境经营是企业自发的行为，企业的目标设定和具体措施是非常重要的。（4）包含企业

表 8 – 2 环境报告指南（2007 年版）项目   195

1. 基本项目
（1）序言·经营者责任
（2）报告的基本要件（报告者的组织结构、报告期间、报告领域等）
（3）业务概况
（4）环境报告概要（主要指标一览、目标、方针、计划、业绩等综述）
（5）业务活动的物料平衡
2. 环境管理指标
（6）环境管理状况、经营活动中的环境友好方针
（7）遵守环境规制的状况
（8）环境会计信息
（9）环境友好的投融资情况
（10）供应链管理状况
（11）绿色购买、绿色采购的状况
（12）环境友好新技术、DfE 等的研究开发状况
（13）环境友好运输状况
（14）生物多样性保护和生物资源可持续的使用状况
（15）环境沟通状况
（16）与环境有关的社会贡献活动状况
（17）投资于削减环境负荷的产品、服务状况
3. 作业指标
（18）总能源投入量及削减对策
（19）总物质投入量及削减对策
（20）水投入量及削减对策
（21）业务范围内实现循环利用的物质量
（22）总产品生产量（或销售量）
（23）温室气体等大气污染物排放量及削减对策
（24）与大气污染、生活环境相关的环境负荷物量及削减对策

（25）化学物质排放量、移动量及管理状况
（26）废弃物总排放量、废弃物最终处理量及削减对策
（27）总排水量及削减对策
4. 环境效率指标
（28）表示环境友好经营状况的指标、信息等
5. 社会形象指标
（29）对社会负责的相关行动

出处：日本环境省：《环境报告指南》（2007 年版），第 26~29 页。

196　的目标、计划、业绩等，要求企业从这些方面对目标和业绩进行比较。（5）是物料平衡，是对企业业务活动中的物质、资源、能源等的输入以及业务活动中所有的输出等信息的综合显示，反映了企业经营活动中的环境负荷的全貌。（6）~（17）的环境管理指标，对环境管理的整体状况进行了说明。其中，（8）是关于环境会计信息的内容，可参阅第 9 章。（18）~（27）是表示环境负荷的具体指标，也称为作业指标。（28）是环境效率指标，所显示的是销售额、利润等经济价值和环境负荷量的关系。最后一项（29）所显示的是企业对社会负责的状况，即环境报告书以社会/环境报告书、社会责任报告书等形式发布，对社会所提供的信息范围也在扩大，如劳动安全卫生、人权及雇佣、地区贡献、消费者保护、产品安全、公司治理结构以及企业伦理等内容。

　　从上述内容可以看到，《环境报告书指南》在明确环境报告书中应该登载的事项的同时，也是环境经营所要求的各项的集大成者，使人们更容易了解环境经营。从环境经营状况到环境经营成果，环境报告书显示了二者表里一体的关系。

8.3.2.2　GRI 指南

在日本，环境省的指南得到广泛的采用。同时，由全球报告倡议组织（GRI）提出的指南，也被一些企业采用。GRI 是制定与可持续发展报告书相关的国际指南（《可持续发展报告指南》）的非营利机构，是一个国际性民间组织。1997 年，该组织以 CERES 的一个项目为开端，1999 年成为 UNEP（联合国环境规划署）的合作伙伴，成为名副其实的国际组织。2002 年，该组织将总部搬迁到荷兰的阿姆斯特丹，作为一个独立的组织而长期存在。其间，该组织于 1999 年提出了草案，2000 年公布了最初的指南，2002 年对指南进行了修订，2006 年第三次修订了指南。

在 GRI 的指南中，列入报告对象的不仅仅限于环境问题，其特点是提倡从环境、社会、经济三个方面来完成可持续发展报告。其内容，尤其是第三次修订后，特别强调利益相关者的参与，这也是它的特点之一。

第三次修订的指南分为两个部分。第一部分主要说明了报告的原则，决定报告具体内容的相关原则有四个：①重要性；②纳入利益相关者；③可持续发展状况；④完整性。同时，对于报告中信息的质量也提出了六个原则：①平衡性；②可比较性；③正确性；④适时性；⑤明晰性；⑥可信赖性。另外，对报告的边界也作了设定。

其中，②所提到的纳入利益相关者是作为原则来定义的，报告中说明：报告发布者设定自身的利益相关者，在可持续发展报告中必须就怎样应对他们所期待和关心的事情等进行说明。由此，将利益相关者置于报告完成全过程这样一个重要地位。利益相关者的独特性在于：①因组织的活动而受到重要影响的个人或团体；②给组织目标实现能力带来重要影响的个人或团体。

以上，是在第一部分中作为原则而制定的，它要求在报告书

198 中登载反映利益相关者参与结果的内容。在第二部分中，列举了信息披露标准的具体事项。特别是关于绩效指标，分别在环境、社会、经济三个领域中详细说明。因此，在现实中按指南进行操作时，利益相关者参与完成报告内容并不是从零开始，而是可以参照第二部分所制定的公开标准来选取一些部分作为报告内容来完成。

在第三次的修订中，为了体现报告书将指南作为准绳的程度如何，指南中记入的绩效指标数等被定义为 A、B、C 三个基准，为企业设计了可选择项目。企业报告书选取哪个标准，可根据自己的宣言来确定。同时，还要听取与自己宣言相关的第三方的意见，并接受 GRI 的审查。

8.3.3 环境报告书的意义和课题

环境报告书体现了企业为应对环境问题作出的努力，内容包含企业环境经营有关的理念、基本方针、目标、企业绩效等，比其他公示具有更多的信息量，而且便于理解。由于是企业自主采用，因此也是具有适应各个企业的特点的信息披露，具有一定的柔性，这也是其有利的一方面。由于这不是法律所规定的义务，就为各个企业根据自身的特点来设计报告提供了很多空间，因而得到很好的发展，具有重要的意义。

但是，其也有局限性。首先，由于是自主的信息披露，并不是所有的企业都会完成该报告。其次，由于指南没有设立强制性的基准，如信息边界的设定和指标的测算基准、公开的格式等都没有统一，即使同行企业的信息要进行比较也是有困难的。由于报告过于重视读者，因而与媒体广告的界限也可能变得模糊起来。

199 对此，GRI 在强调利益相关者参与的同时，在绩效指标中制订了"核心指标"，并对指标的测算方法有详细的测算基准。在这里，企业所面临的问题有多种多样的特殊性，有必要尊重各自利益相关者的需要，但也需要公开具有一定普遍性的、便于比较的指标，这也是 GRI 指南所表明的意图。这意味着，在对象企业的普遍性和特殊性、信息披露自发性和可比较性之间，进行怎样的折中处理，是今后需要关注的问题。

8.4　披露制度中的环境信息披露

8.4.1　为什么要制度化？

披露制度意味着通过法律授权而义务化的披露，这里特别设定的是面向企业股东和投资者的信息披露制度。就具体的表现形式而言，日本有基于《金融产品交易法》的有价证券报告书、欧美有企业的年度报告书。

这些面向股东和投资者的信息披露，通常以财务报表、综合财务报表等财务会计内容为中心。而环境负债等环境信息与财务会计的直接关联将在第 10 章中给予说明。近年来，欧美社会对包括环境问题、社会问题等的非财务信息的关注程度日益提高，一个直接的原因就是应对环境问题和社会问题将对企业的经营业绩产生影响，在进行企业价值评价时不能再无视非财务信息的影响。同时，欧盟的相关政策也推进了 CSR，这也与信息披露制度相关联。从这个角度来看，通常以环境报告书为中心推进的环境信息披露作为新的可能性，将使信息披露更受到人们关注。由此，我们可以了解相关的动态。

200

8.4.2　欧盟的动态

2000 年以来，欧盟各国政府积极推进 CSR 制度。其契机是

2000 年在里斯本召开的欧盟理事会达成的协议：到 2010 年，将其作为欧盟的战略。其目的是维护社会的团结和一体化，持续保护环境，使欧洲在今后的 10 年成为世界上最有竞争力的经济体。因此，为实现这一目标，强调 CSR 的重要性并用政策加以推进都将对其有所贡献。在这一背景下，欧盟各国从 2000 年以后，在年度报告书中都登载了关于与环境、社会相关联信息的像下面这样的建议，并向全社会公开。

首先，欧洲委员会（EC）于 2001 年发表了题为"为了更美好的世界、为了可持续发展的欧洲——欧盟可持续发展战略"的倡议。这个倡议是欧盟为迎接 2002 年约翰内斯堡可持续发展首脑会议而做的一项工作，与 2000 年在里斯本达成的协议一同将环境纳入了战略层面，并将其统一在经济发展、社会团结、环境保护三个方面。虽然提案本身没有强制力，但却催生了各种实施政策。其中之一就是"员工人数在 500 人以上的上市公司，年度报告中应该披露企业与经济、环境、社会相关联的绩效信息"。

同年（2001 年），欧洲委员会公开发表了题为"年度决算和年度报告书中关于环境问题的认识、测定和信息披露"的倡议。该文件指出投资者、分析人士、各种利益相关者不仅希望知道企业对环境问题采取了怎样的行动，还指出信息披露缺乏明确的规则和指南等问题，因而企业披露的环境信息也缺乏可比较性和可信赖性。此倡议中，以附录方式展现了有关环境负债和环境费用的认识、测定、披露的具体指南，并建议加盟国的各企业也采用这一指南。

作为附录的指南中，EC 建议将对于企业的业绩、财务状态来说重要的领域，如环境方针、环境项目、针对主要环境问题所开展的对策及其进展、环境绩效等，都在年度报告书中加以披露。特别要列出与环境绩效有关的能源消耗量、原材料投入量、水使

201

用量、废弃物排放量等，定量的环境绩效指标和业务环节等的个别详细说明也非常有价值。这些，都被纳入到披露的内容中。

给欧洲的动态带来最大影响的是在 2003 年采用的关于年度、联合会计指令的修改指令（会计法现代化指令，"欧盟公司法现代化和公司治理走向完善"的行动计划）。这一指令是以完善欧盟的会计规则、适应从 2005 年起将适用的国际会计准则为目的的。其中，在年度报告书中要记录与公司业绩评价和主要风险相关联的"企业的业绩、现状及其他便于理解企业发展的必要信息，也必须包含对其进行分析所需要的与环境问题及员工问题相关的信息，包括财务信息、非财务信息、关键绩效指标（KPI）等"。这些在指令中都作了规定，因而得以推广。

该指令比起 2001 年的建议来说，对欧盟各个成员国具有强制力，因而产生了很大影响。各成员国基于该指令的要求，将国内相关法律的整顿、完善作为一项义务。事实上，各成员国都在年度报告书中制定了披露与环境、社会相关联信息的规定。

8.4.3　欧洲各国的动态

基于欧盟的建议和指令，欧盟各成员国就在年度报告书中披露与环境、社会相关联的信息等为主要内容，修订了国内相关法律。如英国，2005 年 3 月修改了公司法，要求上市企业将在年度报告书中"披露经营及财务状况（OFR）"作为企业的义务。其中，还要求将企业现状和业绩、对企业的将来会产生影响的主要因素都纳入必要的范围，如公司员工数目、环境问题、社区、公众沟通等相关联的信息，都以关联 KPI 指标加以披露。但是，2005 年 11 月，英国政府又撤销了这条作为义务化的规定。

然而，英国政府在 2006 年又对此再次修正，并颁布了新的 2006 年公司法。根据该法令，信息披露的中心是年度报表和董事

202

会报告，小规模以外的企业还必须在董事会报告中载有公司业务回顾部分的内容。规定企业在业务回顾的内容中对财务 KPI 进行分析的同时，视情况还必须对与环境问题和员工问题相关联的信息进行非财务 KPI 分析。而且规定：如果是上市公司，对于理解企业的业务定位、成果、发展所必需的信息，在业务回顾中也必须提供：①环境问题（业务活动中对环境所产生的影响）；②公司员工；③与社会沟通有关的信息。也就是说，在报告的结果上的规定和 OFR 提案是一样的。

关于 OFR 的报告准则，会计准则审议会在 2005 年 5 月制定并公布了《OFR 报告准则》（Reporting Standard on the OFR）。在 OFR 义务化撤销的同时，替代它的自主披露文件于 2006 年再次公布。英国环境部（DEFRA）还于 2006 年 1 月公布了《与环境相关的主要业绩指标指南》，提出了与向大气、水、土壤排放和资源利用相关联的 22 个 KPI 指标。

2001 年，法国根据新经济规制法对商法进行了修改，将上市公司在年度报告书中披露与企业业务活动相关联的社会、环境影响信息规定为一项义务。这一修正是在会计法现代化指令之前进行的，反映了对 2001 年建议的采纳。由此，法国对披露内容也有了详细的规定。

具体的披露项目在指令中有所列举，包括与环境问题相关的：①水、资源、能源的利用，能源效率化措施，再生能源利用状况，土地使用状况，将对环境产生重大影响的如对大气、水、土壤的排放，噪音、恶臭、废弃物等；②对生态平衡、环境保护、被保护的动植物等的影响的削减措施；③环境评估的程序；④遵守相关环境法律的对策；⑤削减环境负荷的费用；⑥环境管理体制；⑦与环境问题相关联的津贴、补偿金；⑧与环境问题相关联的赔偿金；⑨①～⑧中相关联的国外子公司的信息。

　　此外，德国、荷兰等也对相关法律进行了修订，要求在年度报告书中记入对理解企业业务活动所必需的环境问题、员工问题等的相关信息，并将其规定为企业的义务。

8.4.4　美国的动态

　　1970 年代起，美国就将环境污染净化义务等作为信息的中心内容，SEC（证券交易委员会）的规制中将与环境相关联的记录规定为企业义务。1980～1990 年代，由于大规模污染事件的发生，美国对相关信息披露的要求更加完善。在超级基金法等法规中强化了环境规制，对于环境问题的应对状况将直接影响企业业绩，成为影响投资决策的重要信息。

　　具体来说，在规定了企业向 SEC 提交的文件中的记录内容的规则 S－K 中，项目 101 "业务说明"、项目 103 "法律程序" 和项目 303 "经营者讨论与分析（MD&A）" 都包含与环境问题相关联的内容。2010 年，SEC 公布了关于披露与气候变化相关联的环境信息的指导文件。这并不是作为 SEC 的新的披露制度导入的，而是在现有的信息披露框架中，对与气候变化相关联的一些信息进行必要的披露的解释，以唤起人们的注意。为防止金融危机的再次发生，美国还于 2010 年公布了金融监管改革法案（Dodd-Frank Wall Street Reform and Consumer Protection Act），制定了新的信息披露义务。对在电脑、手机等产品中使用的钽等冲突矿产资源，企业与原产国刚果交易的情况要记录在年度报告书中，即必须添加冲突矿产资源的报告内容。与环境问题相比，冲突矿产资源信息的披露，是涉及防止社会冲突发生的问题。美国在 SEC 的规制中，将与环境问题、社会问题相关联的信息披露都规定为企业的义务。

204

8.4.5 国际会计准则理事会的动态

国际会计准则理事会（IASB）将财务报告书与"管理者评价"相关联，将 2005 年的讨论文件于 2009 年作为草案公开发布，并于 2010 年公开发布了实务文件。所谓管理者评价，是财务报告书的一部分内容，是对各个财务报表中的内容进行补充和完善的信息，是为帮助人们理解企业财务状况和经营业绩的背景资料而提供的信息。具体而言，相当于美国的 MD&A、英国的董事会报告。这些实务文件为并没有约束力的管理者评价的完成和信息披露提供了基本框架，但并不是国际会计准则的一部分。

管理者评价作为一个记录事项，所记入的内容包括：业务内容、目的和战略，主要资源和风险，利益相关者关系，业务活动成果等，这些内容广泛涉及企业的业绩测定尺度和指标。讨论文件中涉及"企业如何应对顾客、员工、社区、环境问题，如何对短期及长期的财务绩效产生重要影响"等，这些信息对于投资者来说是有用的信息，但在实务文件中并没有很具体地提及。现实中，人们对非财务信息的披露所持有的关心程度正在渐渐高涨。

8.4.6 日本的动态

企业按照公司法（旧商法）完成的营业报告书等，就有向股东进行信息披露的项目。其中，最有代表性的是上市公司基于金融产品交易法规定每年完成并公布的有价证券报告书，有价证券报告书的中心是财务会计。除此之外，在有价证券报告书中还有"应该应对的课题"、"业务风险"、"财务状况及经营业绩分析"、"公司治理现状"等项目，这些内容中可能记入环境关联信息。

这些项目记录的内容是在"关于企业内容等披露的内阁府令"中明示的。比如，关于"业务风险"，是在业务状况、经营

状况相关的事项中，规定为"对有可能对投资者的判断产生重要
影响的一系列事项进行具体、简明、易懂的记录"。关于"财务
状况及经营业绩分析"则表述为"为了能使投资者作出合适判
断，应将有关的业务状况、经营状况进行记录；由报告提交者对
财务状况及经营业绩分析、检讨等内容进行具体并便于理解的记
录"。这里虽然没有直接提到环境问题，但如有与环境问题相关联
的事项将对经营业绩和投资者的判断产生重要影响，就必须在报 206
告中记录（披露）。

　　事实上，这些项目中有涉及环境问题和其他社会问题的案例，
但几乎都是概括性、一般性的记述，在当前看来，几乎还没有明
确说明"披露环境信息"、详细记录等这样的明确规定。

8.4.7　向综合报告发展的动态

　　上述披露制度中的环境信息披露制度，在欧美特别是在欧洲
的关注度很高，但在日本还没有很好地推进。像这样的信息披露，
意味着上市公司等成为制度对象的企业都应该将信息披露作为自
身的义务。而且，由于这些也是投资者通常会看的文件，具有方
便投资者决策的优点。因此，2010 年以后，关于这方面的建议越
来越多。

　　首先是在第 11 章中介绍的，以碳排放信息披露项目为基础，
2007 年成立的气候变化信息披露标准委员会（CDSB），于 2010
年发布了"气候变化报告框架"（CCRF）。这一框架虽然不具备
强制力，但是提出了在企业年度报告书等向投资者提交的报告书
中报告气候变化信息时的基本框架。具体项目如表 8-3 所示，分
为两个部分：战略分析和风险分析等定性分析，温室气体排放量
等定量分析。

表8-3 气候变化报告框架中所要求披露的项目

1. 战略分析、风险、公司治理	
(1) 战略分析	
(2) 风险	
(3) 机会	2. 温室气体排放量信息
(4) 经营活动	
(5) 未来展望	
(6) 公司治理	

出处: CDSB, Climate Change Reporting Framework Edition 1.0, pp. 19~22, 2010, 摘要。

2010年，还设立了由各国会计师团体和国际机构参加的国际综合报告委员会（IIRC），2011年公布了第一个讨论文稿。综合报告纠正了一直以来面向投资者的报告书的报告内容，要求不仅仅要报告财务、经济方面的信息，还要报告涉及社会、环境方面的信息。在日本，这种改变通常被认为是在年度报告中增加环境保护活动内容和社会贡献活动内容即可。事实上，由IIRC提出的综合报告对此的要求并不是那么简单。

企业的经营活动，不仅仅是财务性资本，除了人力资本和知识资本外，还有自然资本和社会资本等的支撑，同时，企业活动也会对这些因素产生影响，这是综合报告书的基本认识，并在报告事项的内容中进行说明。企业的商业模式是为了通过多种要素来创造价值并维持企业发展。综合报告书的内容中，首先要说明企业的商业模式，说明企业对与企业经营活动相关的环境问题、社会问题及其风险和机会的认识。在此基础上，说明企业的战略目标，以及为达成这一目标而采取的企业治理结构。然后，定量或定性地说明与企业战略目标所对应的业绩。最后，还要说明企业可能面临的机会和需要应对的问题。

这种综合报告的思考方法，今后能应用到何等程度、能发挥多少功能还是个未知数。由于环境问题和社会问题的多样性，相应的问题也很多，很难制定适应多个企业的基准。但是，这预示 208 了环境、社会信息披露是未来的发展方向。

8.5　环境信息的可信赖性和保证

8.5.1　什么是环境信息的可信赖性？

披露的环境信息必须是可信赖的。这些信息影响着社会对企业的评价的同时，更左右着投资者的判断。那么，究竟什么是可信赖的信息呢？

让人容易明白的数值的正确性是其中之一。比如，废弃物的处理量和化学物质的排放量等数值的正确性等，就是可信赖性。测算基准的妥当性也在其中。比如，CO_2 的排放量是不能直接计算的，能源消耗量也要乘以一定的换算系数才能算出来。这样一来，在日本东京使用的电与在中国或印度使用的电，即使同样多，所产生的 CO_2 排放量也是不同的。因此，采用不同的换算系数，计算结果有很大的不同，这也涉及信息的可信赖程度。

环境信息的范围很广，哪些问题具有覆盖性也是很重要的。比如，即使书写的内容是正确的，对某个企业来说如果抽掉了重要的环境问题，又会怎样呢？在从事多角化经营的企业中，有可能只写好的方面的内容。另外，怎样解释信息也是一个问题。比如，与前一年相比，能源消耗量大幅度减少的信息，其原因说不定是出售了企业重要的生产车间或工序。如果在这种情况下，结果显示是能源消耗量减少，会对读者形成误导。像这样的环境信

209　息，就可以说是不可信赖的。

以上是环境信息可信赖性的各个方面。因此，很难用一句话说明信息的可信赖性。也可以说，确保可信赖性的方法有很多种。比如，不断积累诚信是获得信赖的一种方法；在环境报告书中不隐瞒、详细记录信息也是一种方法。下面，我们来阐述具有代表性的"第三方评价"方法：

8.5.2　环境报告书的第三方评价

在环境报告书中刊载第三方评价的情况，大致上可以分为两类：一是由注册会计师或会计师事务所等作担保的报告书，对此，我们稍后再作叙述。二是没有担保，但有对环境报告书的内容进行评估的第三方意见。后者是在认真阅读报告或与企业管理者进行充分面谈之后，对环境报告书中所记录的方法、所记录的环保活动等，从第三方的角度进行评价，提出意见、建议、期望等。第三方的主体主要是高校学者、咨询公司、消费者团体、环境NPO 等组织。

这里并不是对信息内容的正确性进行检验，而是通过非环境报告书的制作人——第三方的眼睛或耳朵来考察企业，达到提高读者对报告的信赖感的目的。但对企业来说，意味着要认真考虑今后有关企业方向性的经营方针，获得来自外界的参考。有的第三方评价，是由环境 NPO 组织、社区居民共同完成的。

这种第三方评价很难做到标准化，其评价效果也受制于第三210　方的水平、资质。也有人担心，企业方面如果没有采纳此意见的打算，其也不过是单纯停留在评价层面而已。

211　### 8.5.3　由注册会计师作出的保证

与环境信息披露制度密切相关的各种财务报表，是由注册会计师和审计法人等进行审计的，这一形式也在试图赋予环境报告书一定的可信赖性，即尝试由注册会计师进行担保。"担保"一词是比较陌生的用语，包含会计审查之意，是含义更广的概念。2004 年日本企业会计审议会公布了"关于与财务信息相关的担保业务的概念框架意见书"，其中对担保业务进行了定义，即对主题负有责任的责任者依据一定的基准对该主题进行评价或就测定的结果进行公布，或者是为了提高可能的使用者对自己主题的信赖程度，业务实施者自己动手依照基本基准进行判断，得出结论。同时，根据担保业务风险程度的不同又分为合理担保业务和限定担保业务。各类财务报表的审计是以财务报表为对象的，属于合理担保业务。

这个定义比较难以理解，其要点是所谓担保是第三方要针对哪些信息或事实来收集证据以提高其可信赖性的行为，如果没有规定标准就无法进行判断。从扩大传统的会计审计框架和扩大担保业务范围的愿望来看，欧美会计师业界的愿望较强烈，国际会计师联合会（IFAC）公布了"为了担保业务的国际框架"以及基于此框架的"关于财务信息审计和综述以外的担保业务的国际标准（ISAE3000）"。

关于环境报告书的担保，日本注册会计师协会于 2001 年公布了"环境报告书担保业务指南——试行方案（中间报告）"。该指南中指出，环境报告书的可信赖性是指：①记录项目的覆盖性（广泛性）；②记录事项的正确性。所谓覆盖性是指环境报告书中所记录的应该是展现基准的项目而不能遗漏；正确性是指被作为基准而展示的内容是依据一定的计算方法计算并进行合计和披露的。如果有通常的、公认的公正妥当的记录基准，就可以此为准；如果没有，就由环境报告书的完成者自己根据自定的标准来进行判断、完成报告。

那么，在这种情况下，企业根据自己独自制作的标准来完成环境报告书，其覆盖性和正确性如何，具有多大程度的可信赖性等都是问题。因为在企业自定标准中未包含的项目，对于利益相关者来说也许是很重要的，当然，其不符合具有一般公认的公正妥当的标准的情况几乎没有，IFAC 和 GRI 合作并对此给予了强化，GRI 指南就是以切实的基准来执行的。日本还设立了由担保机构根据合意而组成的可持续发展信息审查协会，对根据一定的基准而完成的环境报告书和可持续发展报告书等，通过审查登记制度来进行管理。

8.5.4 AA1000 保证基准

AA1000 保证基准是英国的非营利组织 AccountAbility 于 2003 年公布的准则。其并不是单独存在的，而是 AA1000 框架的一环。AA1000 框架将利益相关者互动作为中心内容，为对企业在社会、环境、经济等方面进行审核而提出了一系列标准、指南等。

AA1000 保证基准有三个基本原则：重要性（materiality）、完全性（completeness）、对应性（responsiveness）。重要性是指在可持续发展报告中要包括利益相关者在进行判断、决策、行动时所需要的充分信息；完全性是指能完全理解组织的重要性的信息；对应性是指组织对于利益相关者特别关心的问题应给予恰当的应对、沟通。毋庸置疑，这些内容的正确是评价担保提供者所提供信息的原则。

基于这些原则所作的担保，就是将企业所把握的对于利益相关者需要给予的应对的过程和妥当性作为考察对象。但这并不是说这种情况下完成的环境报告书有企业自己的标准就可以了，因为记录中不遗漏对利益相关者来说很重要的内容是需要特别注意的。这样来看，前面所提到的 ISAE3000 与其说是相互冲突，不如理解为二者是互补的。我们认为：对于多数企业来说，有共通认识的相关问题可适用 ISAE3000，而对各个企业所特有的问题来说，如重要性很高的问题就可适用 AA1000 保证基准。

附录 环境报告书的阅读方法

关于环境报告书的学习，最好的方法是阅读现实中的报告。总之先读个一两份试试看。为此，首先要找一份环境报告书。在决定了目标企业后，可在互联网上进行检索，大致可以获得环境或 CSR 报告书，将此下载下来。如果有多份，可与企业电话联系获得所需要的报告。

到手的环境报告书应该怎样阅读呢？高层管理者的致辞是必须要看的，因为它展示了企业的个性。公司的业务内容、销售规模、报告对象是否包含国外企业等基本信息都需要通过阅读来确认。展示环境负荷全貌的质量平衡一览表、目标和业绩一览表等，便于我们对企业整体的状况一目了然。从主题和特辑栏目可以了解企业最想表达的内容。

在阅读数据和图表时要特别注意：如果提出环境效率等指标，要了解是什么和什么的比率，以及其比较的年代；如果图是用醒目的方法来制作，即使是小的变化看起来也很大，应该注意；还要检查与该企业相关的环境问题的记录是否有遗漏。此外，与同行业中的其他企业进行比较，有助于发现业界存在的共同问题。有时报告还记录着企业的突发事件和丑闻。对于企业来说，在环境报告书上如何清楚说明企业的负面信息，也可以让阅读者了解企业对这些事件的态度。和人一样，企业在非常时刻，也容易暴露其本来面目。

最后，可将自己的读后感或建议写下来提交给企业，这是与利益相关者对话的开始。你的意见如果能给企业的环境对策带来进步，难道不是一件愉快的事情吗？

思考题

1. 请阅读某一行业中多个企业的环境报告书，并进行比较。阅读时，应了解各个企业所记录的项目和记录方法有多大程度的共通性。通过对记录内容的比较，评价哪个企业的措施相对最好。

2. 不同的利益相关者所关心的问题也不同。请思考：不同的利益相关者所关心的问题有哪些不同？

3. 在日本，最被人们寄予期望的环境信息披露方法是什么？请思考其现状和问题点。

4. 请完成一份自己家、自己的班级或大学的环境报告书。请思考哪些是必要的信息，并讨论怎样获得这些信息。

参考文献

1. 河野正男編：『環境会計の構築と国際的展開』，森山書店 2006年版。

2. 環境省：『事業者の環境パフォーマンス指標ガイドライン（2002年度版）』，載 http：//www. env. go. jp/，2003 年。

3. 環境省：『環境報告ガイドライン（2007 年度版）』，載 http：//www. env. go. jp/，2007 年。

4. 上妻義直編：『環境報告書の保証』，同文館出版 2006 年版。

5. 國部克彦、平山健次郎編：『日本企業の環境報告——問い直される情報開示の意義』，省エネルギーセンター 2004 年版。

6. AccountAbility, *AA* 1000 *Assurance Standard*, http：//www. accountabili-
ty. org. uk/, 2003.

7. GRI, *Sustainable Reporting Guidelines* 2006, http：//www. globalreport-
ing. org/, 2006.

8. IFAC, *International Standard on Assurance Engagements* 3000 (revised)：
*Assurance Engagements other than Audits or Reviews of Historical Financial
Information*, http：//www. ifac. org/, 2005.

第9章 外部环境会计

要点

　　日本环境会计是以环境省公布的《环境会计指南》为契机发展起来的。该指南将"环境保护成本"、"环境保护效果"和"环境保护对策所产生的经济效果"作为环境会计构成的三个要素。本章首先对这些构成要素分别进行阐述。其次，利用环境会计信息分析和评价相关问题，如地球温室效应、废弃物问题等；在对性质不同的环境问题进行评价、考察时，还要考虑共同计量单位的统一，这就涉及物量数据与货币数据之间的转换。最后，通过对问题的讨论，进一步明确环境会计开展的可能性和相关课题。

关键词　环境会计指南　环境保护成本　环境保护效果　环境保护对策所产生的经济效果　货币换算

9.1　外部环境会计体系

9.1.1　什么是外部环境会计?

外部环境会计是指以对企业外部的信息披露为目的的环境会

计。财务会计是现有的信息披露框架，其中的环境会计信息，将在第 10 章中说明。本章讨论财务会计框架以外的外部环境会计，即由环境报告书公开的环境会计。

这类环境会计并没有由法律规定的、具有强制力的规范标准，企业也是在进行各种各样的尝试。例如，有的企业将在海外用于环境保护的费用作为环境保护成本，也有德国企业将物质输入、输出的物量数值称为"生态平衡"。环境报告书在日本的普及始于 1990 年代后半期，若干先进企业都有各种各样的环境会计信息披露。

1999 年以后，随着日本环境省《环境会计指南》的公布，外部环境会计逐渐走向标准化，很多企业依照环境省的指南实施环境会计，即把企业用于环境保护的全部开销都记为"环境保护成本"，并与所产生的效果一同列入环境报告书中予以公开。以指南的出台为契机，日本实施环境会计的企业数量迅速增加，从环境省的调查来看，截至 2009 年，日本有近 800 家企业实施了环境会计。

表 9 – 1 日本实施环境会计的企业数量的变化

调查年度	回复调查的企业数	实施环境会计的企业数	比率（%）
2000	2689	356	13.2
2001	2898	491	16.9
2002	2967	573	19.3
2003	2795	661	23.6
2004	2524	712	28.2
2005	2691	790	29.4
2006	2774	819	29.5
2007	2819	761	27.0

调查年度	回复调查的企业数	实施环境会计的企业数	比率（%）
2008	3028	805	26.6
2009	3036	771	25.4

出处：根据环境省《环境友好企业行动调查·调查结果》（2000~2010年版）数据整理而成。

217 **9.1.2 为什么要披露环境会计信息？**

披露环境会计信息的理由与公开环境报告书的理由一样，可以从环境责任、环境问责中找到答案。环境报告书中企业要说明自己对环境问题采取了哪些方法和措施，但仅有文字说服力还是不够的。如果有与环境问题相关的资金花费、取得了哪些效果等数据显示，也就意味着企业在环境责任或环境问责方面发挥了相应作用，这就需要环境会计。

另外，如果企业对环境保护活动进行资金投入，就有可能影响到企业利益，最终会成为由股东来负担的成本。经营者有义务将相关事宜向股东说明。因此，以环境保护成本为中心的环境会计，主要是向利益相关者特别是股东说明环境责任，其信息作为对股东环境问责的答复而公开。

9.1.3 环境会计指南的基本构成

日本环境省1999年公布了《关于环境保护成本的把握及公开指南（中期报告）》，2000年公布了《环境会计导入指南》第一版，后又经过2002年和2005年的两次修订，更名为《环境会计指南》（以下简称《指南》）。2000年以后，《指南》对环境会计的定义保持了一贯性，即在业务活动中为环境保护而投入的成本和这些活动所带来的收益，以及尽可能用定量方法（用货币单位或物量单位计量）测量并传达这些信息的机制，包括内部功能和外部功能。

所谓内部功能，意味着有利于在环境保护成本的管理和经营判断方面发挥作用的功能，与本书第 2 章中的环境管理会计相互对应。外部功能是对利益相关者进行责任说明时发挥作用的功能，二者对与各自内容相适应的评价和决策发挥着重要作用。《指南》开篇就是环境报告书中披露信息的通用表格，其重点实际上是环境会计的外部功能。

在《指南》中，环境会计构成的三个要素分别是"环境保护成本"、"环境保护效果"和"环境保护对策所产生的经济效果"。 218
其中，环境保护成本和经济效果用货币单位来计量，环境保护效果用物量单位来计量。同时包含货币值和物量值是该框架的重要特点，见图 9 - 1。以下，对这三个构成要素分别进行说明：

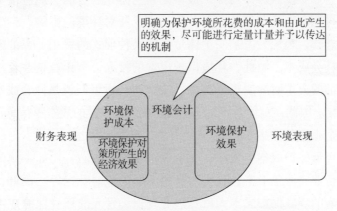

明确为保护环境所花费的成本和由此产生的效果，尽可能进行定量计量并予以传达的机制

财务表现　　环境保护成本　环境会计　环境保护效果　环境表现

环境保护对策所产生的经济效果

图 9 - 1　环境省《环境会计指南》中的环境会计框架

出处：环境省（2005），第 2 页。

9.2 环境保护成本

9.2.1 什么是环境保护成本？

《环境会计指南》中的定义为：环境保护成本是以环境保护为目的的投资额和费用额，用货币单位计量。投资额是指为了实现长期效果而对环境保护对策所投入的资金，费用额是指与环境保护活动相关的、当期所产生的费用。

从会计上讲，投资额在未来将以折旧摊销的形式进行费用化处理，所以作为投资额的环境保护成本包含着之后作为费用额而出现的环境保护成本。由于投资额和费用额有不同特点，因而不应该合计。

企业所投入的环境保护成本是指为防止、控制、规避由不投入而可能产生的对环境的各种影响。企业对环境的影响，产生于企业外部，表现为由某一主体负担的某种形式的费用，或处于弱势的社会成本。因此，环境保护成本的投入，意味着企业负担自身内部的成本而抑制了外部的社会成本，也可以说是社会成本的内部化。因此，对什么样的环境问题投入什么样的成本等信息，是体现企业应对环境问题所采取的行动状况的指标之一。

环境保护成本的大小，受企业很多因素左右，比如企业的规模、行业、业务形态、过去对环境问题的应对状况等。因此，认为投入的环境保护成本大就是热心环保，投入的环境保护成本小就是有效率等的看法并不妥当。例如，如果企业规模大，环境保护成本相对也比较大，如制造业、服务业等。即使都是制造业，采用何种生产工艺、使用什么原料、生产什么产品等，都会因为行业不同而带来环境保护成本的很大差异。即使在相同行业，甲工厂的生产工艺和其他工厂的生产工艺不同，产生的输出也不一样。另外，以前如果对环境问题已经有充分的对策，本年度可能花费较少的环境保护成本就可以了。

这些环境保护成本都是重要的信息，对这些信息的解读方法并不简单，对其所产生的效果进行判断和对比，以获得更适当的评价也是需要花费功夫的事情之一。

9.2.2　环境保护成本的分类

220

《环境会计指南》中将环境保护成本分为六大类型。表9-2就是指南中有关环境保护成本的通用表格。

表9-2　环境保护成本的通用表格

主表①　环境保护成本（根据业务活动进行分类）			
合计范围：			
考察期间：　　年　　月　　日~　　年　　月　　日			
计量单位：　　　　日元			
环境保护成本（根据业务活动进行分类）			
分　类	主要措施	投资额	费用额
（1）业务范围内的成本			
明细　（1）—1 公害防治成本			
明细　（1）—2 地球环境保护成本			
明细　（1）—3 资源循环成本			
（2）上、下游成本			
（3）管理活动成本			
（4）研究开发成本			
（5）社会活动成本			

环境保护成本（根据业务活动进行分类）			
分　类	主要措施	投资额	费用额
（6）环境损害应对成本			
合　计			

出处：环境省（2005），第43页，节选。

　　首先是业务范围内的成本，制造企业有生产工厂和经营场所的区分，与企业主业相关联、直接对环境影响进行管理的环境保护成本就是业务范围内的环境保护成本。其可以细分为三类：①大气污染防治、水污染防治、土壤污染防治等公害防治成本；②地球温室效应防治、臭氧层保护等地球环境保护成本；③与废弃物利用和处理等相关联的资源循环成本。

　　上、下游成本是企业业务所涉及的上游和下游的成本。上游是指企业所使用的原材料、辅料等的产出和生产所涉及的领域；下游是使用企业提供的产品和服务的领域以及使用后的处理所涉及的领域。如果在生产原材料时因为考虑了环境影响而购入原料，这样的原材料比通常的价格高，可以认为这一价格差就是企业承担了环境保护活动而追加的成本。这也是作为上游成本的环境保护成本。

　　管理活动成本是指环境管理活动体系的建立、运营、环境负荷的检查和监测、环境信息披露等对削减环境影响做出间接贡献的成本。研究开发成本是指环境友好型产品开发、为削减制造环节的环境影响而进行的研发等所花费的成本。社会活动成本是指企业为社区绿化、自然保护、对社会环保团体的赞助和支援、以环境保护为目的的社会贡献等所产生的成本。环境损害应对成本是指如消除土壤污染的成本或损害赔偿金等企业应对其所发生的环境污染的成本。如果这些成本还不能完全覆盖企业的状况，可以用221　其他成本来进行追加。其他分类方法也有按环境保护活动的对策领域来划分的，如地球温室效应、臭氧层保护、土壤污染防治等。

此外，还有《环境会计指南》中没有列示的成本，可以分为：①为防止环境负荷产生的事前成本；②为应对已经产生的环境负荷的事后成本。例如，清洁生产的技术即生产过程的投入，有利于削减其后所发生的污染和废弃物。在这种情况下，由于投入了事前成本而大幅度减少了事后成本，实际上也削减了总成本。但是，像这样的分类用于对外信息公开时，确认区分事前和事后的客观基准是一个还在讨论中的问题。

222

9.2.3　环境保护成本的合计

环境保护成本是财务会计上的投资额和费用额的一部分，因此基本上都可以以财务会计数据为基础来进行合计。但是，如果不是以环境保护为直接目的的成本，如与其他目的混合在一起的复合成本，就应该将与环境保护直接相关的那部分成本单独核算出来。关于这一点，《环境会计指南》中规定用比例合计法：对扣除环境保护目的以外部分的差额进行合计，相对应的支出部分也可以按比例分割来进行计算。

9.3　环境保护效果

9.3.1　什么是环境保护效果？

《环境会计指南》中将环境保护效果定义为由于环境保护活动而对环境影响的防止、抑制和规避所产生的效果，以重量（吨）和热量（焦耳）等物量计量单位进行测定。其大小可用与基准期间相比较的当期的环境负荷量的差值来计算。基准期间原则上是前一期。总的来说，环境保护效果是为了把握环境负荷在当期与前期相比有多大程度的减少等内容，如温室气体的排放量和废弃物的最终处理量等。

实际上，与前期相比，销售额或生产量的增减可能会带来与企业环境保护活动努力无关的环境负荷量的增减，这种情况也是存在的。对此，指南中强调首先要考虑销售额的增减并对基准期间的环境负荷量进行修正，然后再计算环境保护效果。这种方法，与不对基准期间的环境负荷量进行修正而单纯计算差额的方法相比较，究竟哪个方法更适合也不能一概而论。因为从对地球环境的影响来看，环境负荷的总量有着更重要的意义。因此，要考察企业的努力效果，有必要根据其销售额进行调整。

9.3.2 环境保护效果的分类

结合环境绩效指标指南来看，环境保护效果可分为四类：①对业务活动的投入；②业务活动中的排放物；③使用产品或服务时的环境影响以及废弃时的环境影响；④其他，包含运输过程中所产生的环境影响。表9-3是有关环境保护效果的通用表格。

例如，企业为减少地球温室效应而进行的节能活动，表现为业务活动中投入的总能源量的减少和业务活动中温室气体排放量的减少。同时，还应把握企业产品在提高节能性能方面所产生的效果和服务，以及其在环境保护方面所产生的效果。

9.3.3 环境负荷量和环境保护效果

关于环境保护效果的大小，如果不和企业总体的环境负荷量相比是无法进行正确评价的。过去多年一直对环境问题采取积极措施的企业，其环境负荷水平相对很低，如果要求其实现更高的环境保护效果就比较困难了。

例如，节能和削减有害化学物质等，越改善就越难以得到比

表9-3 环境保护效果的通用表格

主表② 环境保护效果				
累计范围:				
累计期间: 年 月 日~ 年 月 日				
计量单位: 日元				
环境保护效果				
环境保护效果的分类	环境绩效指标 （单位）	前期 （基准期）	当 期	与基准期的差 （环境保护效果）
业务活动中投入的与资源相关的环境保护效果	总能源投入量（J）			
	不同种类的能源投入量（J）			
	特定管理物质投入量（t）			
	循环资源投入量（t）			
	水资源投入量（m³）			
	不同水源水资源投入量（m³）			
	……			
与业务活动中的环境负荷及废弃物相关的环境保护效果	温室气体排放量（t-CO₂）			
	不同种类或不同过程的温室气体排放量（t-CO₂）			
	特定化学物质排放量/移动量（t）			
	废弃物等的总排放量（t）			
	废弃物最终处理量（t）			
	总排水量（m³）			
	水质（BOD、COD）（mg/L）			
	NOₓ、SOₓ排放量（t）			
	恶臭（最大浓度）（mg/L）			
	……			
	使用时的能源使用量（J）			
	使用时的环境负荷物排放量（t）			
	废弃时的环境负荷物排放量（t）			

环境保护 效果的分类	环境绩效指标 （单位）	前期 （基准期）	当 期	与基准期的差 （环境保护效果）
	使用后的产品回收、容器及 包装的循环使用量（t）			
	容器包装使用量（t）			
	……			
其他环境 保护效果	运输所产生的环境负荷物排放 量（t）			
	产品、材料等的运输量（t、km）			
	土壤污染面积、量（m^2、m^3）			
	噪音（dB）			
	振动（dB）			
	……			

出处：环境省（2005），第 43 页，节选。

以前更好的改善效果；与前期相比，环境保护效果年年递减的可能性是存在的。另外，相对于其付出的成本而言，环境保护效果递减的可能性也是存在的。企业将排放废弃物为零作为排放目标的"零排放"过程，每年都需要花费一定的成本，一旦"零排放"实现，废弃物排放量相较于前期的测量值即环境保护效果也成为零。在通用表格 9-3 中，在列举前期和当期环境负荷量的同时，也用其相互之间的差额来表示环境保护效果，从而为考虑这些因素来进行判断提供了可能性。

当然，即使环境保护成本相同，环境负荷量和环境保护效果的大小也会受企业规模、行业、业务形态等因素的影响。如前所述，销售额或生产量的增减都是一定的影响因素；业务内容变更、工厂变卖等也是环境负荷量发生变化的因素之一。如果不对这些因素进行勘察，难以得到切实的评价。

225

同时，对于在企业业务范围内发生的相关环境负荷比较容易把握其总量，而对于发生在上下游的环境负荷的处理则是比较困难的。指南中是指在产品和服务的使用和废弃时，通过环境负荷增减所体现的环境保护效果。但产品使用时的能源消耗量依赖于使用频率和使用时间等；当期销售的产品在下一个周期的能源使用量和废弃时的环境负荷，其开始计算的时间点如何确定等都是问题。比如，汽车的节能性能，依赖于轮胎的摩擦阻力、车身的重量、轴承的性能等因素，这些零部件企业对其作了怎样的努力，都是汽车生产商很难把握的。

环境保护成本中有一部分是为了在产品使用和废弃时减少环境负荷而花费的研究开发费用，如果不考虑这些花费的环境保护效果，就不能对企业的环境经营进行切实的评价。所以，在上下游所发生的环境负荷、确认企业责任划分的时间点等，都是今后要研究的重要课题。

9.4　环境保护对策的经济效果

226

9.4.1　什么是经济效果？

环境保护对策所产生的经济效果是指作为环境保护活动结果对企业利润所产生的影响，采用货币单位来计量。具体来说，就是实施环境保护活动对企业利润和削减费用所做的贡献。对这些经济效果，还要区分其计算所依据标准的切实程度，即计算结果是实质性效果还是估算性效果。

9.4.1.1　实质性经济效果

实质性经济效果是指基于确切的基准计算而得到的数据。作为对收益的贡献，在计算中还要考虑回收产品的销售收益。费用节约包括：因节能和资源节约等措施而产生的能源费用和原材料采购费用的节约，以及由废弃物排放量的减少而带来的废弃物处理费的减少等。此外，环境管理体系的高度化带来环境风险的降低，也会带来相应保险费用的降低，获得的环境友好型融资带来利息支出的减少等，都可以认为是相关费用的减少。

这些效果是依据比较明确的标准计算出来的，其计算相对比较容易。但是，环境保护活动所带来的效果，并不都是像这样能够看到。由于容易观察到的环境保护活动所产生的效果是有限的，如果经济效果只考虑这些，对环境保护活动所产生的经济效果的评价难免会小于实际效果。因此，单纯将实质性经济效果与环境保护成本进行比较来考察环境会计的"红字"或"黑字"是不切实、不全面的。下面，我们将简述估算性效果的重要性。

227

9.4.1.2 估算性经济效果

估算性经济效果是指根据假设测算出来的经济效果。从对收益的贡献来看，开发环境友好型产品所带来的销售额的增加、环境友好型企业的形象改善也可以使收益增加。从费用削减来看，因环境风险的降低而规避环境事件发生所带来的损害赔偿和环境修复费用的减少等都应考虑在列。实际上，要区分环境友好到底对收益增加做出了多大程度的贡献是比较困难的。对于相关费用的减少，是从现实中还没有发生的事件来估算的，因而要把握准确的金额的确也比较困难。

以上提到的这些效果都被认为是由于环境保护活动而产生的，但在财务会计上却不能计量。如果要把握这些金额，就只有根据各种假设来估算。这样做，不仅仅有助于了解实质性的经济效果，而且有利于更好地理解环境保护活动的经济效益。但是，根据假设估算的数值有较大的不确定性，对企业来说，既有相符之处，也存在一定的风险。所以，在信息披露时，必须注意说明数据的来源、前提和依据，这一点特别重要。

估算而来的经济效果对作长期规划而言是很有必要的。比如，从估算的经济效果来看，目前的状况下其与环境保护成本的对比可能还为负值。但是，如前所述，根据假设而估算的环境保护效果如果换算为货币，使企业整体的收支可能因为环境保护活动而提高并变为正值，这样一来，企业社会形象改善也带来市场适应性的提高，也可能使长期经济效果变为正值。

9.5　环境会计信息评价和综合指标的历练

228

9.5.1　环境会计的分析指标

人们期望外部环境会计能够评价企业对环境问题所采取的措施和实施的状况。但是，如果只看环境保护成本和环境保护效果，也很难作出切实的评价。因此，《环境会计指南》中给出了若干建议的分析指标，如下所述：

● 基于环境保护目的的研究开发费/研究开发费总额：这一指标是指特定的环境保护成本在相关成本总额中所占的比例。

● 附加价值/总能源投入量：这一指标是指一个单位的环境负荷产生了多少附加价值，这也是第 7 章中所提到的环境效率指标之一。环境负荷与总能源投入的关系指标，在指南中被称为能源生产率。

● 能源生产率的改善比率/为此投入的环境保护成本：这一指标是指特定的环境保护成本可以产生多大程度的环境保护效果，显示了环境保护成本的效率。

● 温室气体排放量/附加价值：这一指标是指形成一个单位的附加价值要产生多少环境负荷。如前所述，这是环境效率的倒数，也被称为环境负荷集约度。

以上都是《环境会计指南》所涉及的内容，具体事例表现为所有的特定环境问题都是焦点问题。如地球温室效应和废弃物问题等问题是性质不同的环境问题，人们也在尝试用综合指标来表示这类问题的环境负荷和环境保护效果。以下是人们在这方面所进行的尝试：

9.5.2 各问题领域的评价和综合评价

对于《环境会计指南》，有人提出其中的环境保护成本和环境保护效果的分类并不相互对应，成本和效果难以进行对比。因为环境保护活动的内容是多种多样的，比如 CO_2 排放量和废弃物的处理量等。因此，仅就性质完全不同的物量数值来进行分析，是不能对企业整体在环境问题应对方面进行评价的。

对此，"与主要环境绩效指标相关的成本与效果的对比表"中，聚焦了将与特定问题相关联的数据进行对比的方法。表9-4中显示的是关于温室效应气体排放量的数据。《环境会计指南》中除了表9-2和表9-3这样的通用表格即主表以外，还展示了各种各样的"附属明细表"，表9-4就是其中之一。它不仅仅是对性质不同的环境问题的综合，也是对不同领域问题的评价。这种评价只限定于在特定的问题领域和范围内对企业进行评价，因而比较容易进行，也易于将成本和效果进行对比。

表9-4　与主要环境绩效指标相关的成本与效果的对比表

附属明细表② 与主要环境绩效指标相关的成本与效果的对比表 温室效应气体排放量		
前期（基准期）：	当期：	环境保护效果：
目标年度：	目标值：	达成率：

续表

环境保护对策活动的内容	环境保护成本
合　计	
其他与温室效应对策相关的环境保护效果状况	
（相应记载）	
（例）环境绩效指标的增减分析等	

出处：环境省（2005），第 45 页，节选。

另外，不受指南约束而采用共同单位对性质不同的环境负荷和环境保护效果进行综合评价的各种尝试也在企业中进行。例如，在宝酒造公司，将若干环境负荷项目从基准年开始的改善率，以用一定系数进行加权后的"绿字决算"来表示。朝日啤酒公司将生产 1kL 啤酒所产生的 CO_2 和用水量等环境负荷，用各自的加权系数进行综合，提出了环境负荷综合指标"AGE（Asahi's Guide-line for Ecology）"。这些案例企业在尝试将物量数值的指标综合化，同时，也在尝试物量数值与货币数值之间的综合换算。

9.5.3　物量数值的货币换算

将环境负荷量和环境保护效果等物量数值换算成货币数值的方法，从原理上来看可分为两大类：一是将因环境负荷而失去的价值换算成损害金额（损害成本）；二是将为了规避、削减环境负荷而产生的费用（规避成本）进行换算。例如，东芝将削减的环境负荷物质——镉所产生的公害赔偿费用换算成货币来表示，就是由损害成本来进行货币换算的。在第 5 章中所提到的 LIME 所代表的损害核算型的环境影响评价方法，也是一些日本企业在使用的货币换算形式。

还有方法是将削减的 CO_2 排放量用碳排放交易市场中碳排放权的市场价格来进行换算。如果购买排放权的成本比企业自身减排更廉价，企业会采取购入行为；如果排放权价格高于企业自身的减排成本，企业会出售排放权。这种行为的结果最终形成了排放权的市场价格，也可以说表现为在理论上的规避成本的市场均衡价格。

2006 年，日本新能源产业技术综合开发机构（NEDO）公布了环境影响评价方法调查报告书（NEDO2006）。报告提出了将为削减环境负荷物质的排放量而实际产生的生命周期成本与削减的环境成本进行比较的评价方法，并将其称为总生命周期成本（TL-CC）。这里所提到的环境成本不是损害成本，而是采用边际减排费用（MAC）计算出来的，是由 CO_2、NO_x、挥发性有机化合物（VOC）、三氯乙烯等 15 种物质的数值估算出来的。边际减排费用是指为了减少 1kg 社会中某物质的排放量而需要耗费的最大费用，可以说是通过环境负荷规避成本换算的典型。

在利用第 7 章中讨论过的 JEPIX 和 LIME 的综合化方法的基础上，也列举了环境效率和因子的计算案例。在货币换算的情况下，取得与财务数值的共同计量单位，不仅可以用比率来计算环境效率指标，还可以计算其与财务数值的差。

例如，在将环境负荷量换算成损害成本的情况下，如果计算是切实的，我们就可以认为其表示了环境负荷所伴随的社会成本。当然，由于企业业务活动中产生环境负荷是难以避免的，且与企业规模和行业等特性相关联，单纯以比较社会成本的大小来进行评价是不切合实际的。但是，即使利益和附加价值是同等程度，对社会成本有差异的企业进行同等评价也存在问题。因此，从通常的附加价值额中减去由环境负荷量所换算的损害成本的方法，可以认为是考虑了社会成本的"真实的附加价值"的计算方法。

对这种计算，人们认为是妥当的，尽管另外考虑环境问题以外的社会成本，要提高货币换算的可信赖性，纳入换算对象的环境负荷的范围也是需要考虑的问题。比如，与环境保护成本相对应而进行比较的环境保护效果，企业通常是将业务范围中的上、下游都作为考虑对象。这样一来，企业应该承担的责任即应该从附加价值中减去的环境负荷的社会成本，将上、下游都纳入了分析视野。那么，在原材料价格中没有得到反映的、在原产地的环境影响和由产品所产生的环境负荷，究竟应该怎样考量呢？对会计一直以来都无视的环境成本加以考察，并尽可能地接近总成本（所有的成本）的努力当然是很重要的。但是，总成本的范围界限究竟如何划分也是一个问题。这也意味着，在要求企业承担责任时怎样确定环境负荷的范围，是进行计算之前应事先解决的问题。

环境保护效果是环境负荷的削减量，如果将其换算为损害成本，就表示为社会成本的削减量，可以说是投入环境保护成本而取得的社会利益。因此，从环境保护效果的换算额和经济效果的合计中减去环境保护成本，可以认为是从社会的角度来计算环境保护活动所产生的纯利润。环境保护成本，如果只从经济效果来看是负值，但从环境保护效果总体来看可能是正值。

为了使这样的计算更加妥当，有必要将环境保护成本和环境保护效果进行切实的对应。例如，对应于"零排放"成本的效果，不是对前期的削减量，而是与假设没有该措施所产生的环境负荷数值进行对比而取得的削减量。另外，对应于为减少产品使

234

用时的环境负荷而投入的研究开发成本，有必要考虑其在使用阶段所产生的环境保护效果。环境保护效果的社会评价与企业社会形象的提高相关联，这也是通过环境保护效果的货币换算来预测经济效果时，可能要特别注意的因素。

235　　　如前所述，物量数值的综合评价和货币换算有多种可能性，相关的课题也很多。通常，人们容易过于关注货币换算的换算方法。但实际上并不只是方法问题，前面所提到的如所选择的换算对象等，如何换算、采用什么换算方法也是非常重要的。

9.6　外部环境会计的课题

外部环境会计是以对外部披露环境信息为目的的环境会计，其有用性在于这些信息将被企业的利益相关者采用，并会引导他们作出更合适的决策。为了达到这一目的，有三个条件：①存在从环境问题应对的视角对企业进行评价，并据此进行决策的利益相关者；②现实中，有很多的企业披露环境会计信息；③从中必须能获得对作出决策有用的信息。

关于①，在第11章中将提到，日本小规模资金的投资者也会关注环境问题和社会问题的相关评价，并以此来进行投资行动决策。②本章开头就提到日本已有接近800家企业在实施环境会计，目前实施的企业数量已有所增加，但并不能说环境会计信息已经得到充分的利用。其原因可以从信息的质量和内容两个方面来考虑。

信息的质量是指披露的信息有多大程度的可信赖性、是否有可比较性。《环境会计指南》作为实施环境会计的企业的基础手册，发挥了统一大多数企业信息披露的作用。但是，由于它并不是具有强制力的基准，各企业按通用表格所披露的成本、效果的计算方法看起来很相似，但实际上是存在差异的，因而难以用这些信息进行解释和评价。这也制约了对外部环境会计的活用。要提高信息的有用性，就有必要将一些基准进行统一。

236

信息的内容是指拥有怎样的信息才能够对企业的环境经营状况进行评价。虽然说信息的质量很重要，但信息内容如果没有确立，也无法进行基准化。环境保护成本的概念是从成本的角度来解释环境经营，环境保护效果是提取物量数值，从上下游供应链的角度来介绍环境经营。但是，现在的环境问题涉及能源消费、资源调配、产品开发等，涉及越来越多的企业的业务活动，仅环境保护成本的区分就很难提取。这也意味着，有必要对现行的指南框架本身进行反思和修正。第 8 章所提到的综合报告的变化动态也代表了这样的趋势，我们期待环境会计有更好的改善和发展。

思考题

1. 环境省公布的《环境会计指南》，会给社会带来哪些利益？会存在哪些不利？请思考并列举。

2. 环境省公布的《环境会计指南》的内容中，最大的问题是什么？为了使该指南能够更好地实施，应该对哪些方面进行哪些改善？请说明你的想法。

3. 找到企业的环境报告书，对其中的环境会计进行比较，从中能够得到哪些收获？请思考。

4. 你怎样看待环境问题？对环境保护成本的负担有什么见解？请尝试作一份你个人、你所在企业的环境会计报告。

 参考文献

1. 河野正男：『環境会計——理論と実践』，中央经济社 2001 年版。

2. 河野正男編:『環境会計の構築と国際的展開』，森山書店 2006 年版。

3. 環境省:『環境会計ガイドライン2005 年版』，載 http://www.env.go.jp/，2005 年。

4. 國部克彦:『社会と環境の会計学』，中央経済社 1999 年版。

5. 國部克彦:『環境会計』（改訂増補版），新世社 2000 年版。

6. 独立行政法人エネルギー・産業技術総合開発機構（NEDO）:『「経済・環境両側面を配慮した簡易的な環境影響評価手法（TL-CC）の導入可能性調査」報告書』，2006 年。

7. 日本公認会計士協会:「我が国おける環境会計の課題と今後の発展方向」，『日本公認会計士協会経営調査会報告』第 22 号，載 http://www.jicpa.or.jp/.

8. 水口剛:『企業評価の環境会計』，中央経済社 2002 年版。

<table>
<tr><td>第
10
章</td><td></td></tr>
</table>

财务会计与环境问题

239

 要点

　　向投资者报告经营业绩和财务状况的财务会计，是企业信息披露的中心内容，也是经营者高度关心的内容。理解环境问题和财务会计的相互关联，对环境经营来说是很重要的。例如，与环境关联的支出是作为资产项，还是记入费用，对企业来说利益额会发生变化。又如将土壤污染和石棉问题作为环境问题的原因，是与未来的支出相关联的，即将其视为环境负债的事例在增加。另外，对应于温室气体排放量交易之类的新的框架，也需要对会计准则进行修订和更新。本章将在这样的财务会计框架内讨论相关的环境问题措施。

关键词　环境成本　环境负债　推定债务　衡平法债务　土壤污染　对策法　资产报废责任（资产报废债务）　排放量交易

10.1 为什么财务会计存在问题?

10.1.1 什么是财务会计?

财务会计是向股东和投资者报告企业经营业绩和财务状况的会计。具体来说,就是以复式记账为基础,由资产负债表、损益表、现金流量表等三张财务报表及附注所构成的。其核心目的是为投资者提供对决策有用的信息,损益表中记录的营业利润和当期净利润是代表企业业绩的指标。此外,从财务会计所反映的销售额、费用金额、财务比率及其变化、资产及负债的构成及其变动、现金状况等各种信息中,投资者可以了解企业的现状。也就是说,财务会计可以看做企业一年中经营活动成果的集合。

因此,财务会计作为企业信息披露的重要手段,也受到社会的高度关注。诸如对财务会计造成影响的事项是经营者最在意也最关注的信息。因此,讨论环境问题对财务会计的影响,对于环境经营具有重要意义。

但是,财务会计自身本来并不是关于环境问题的报告且也不以此为目的。它是从为投资者提供对决策有用的信息的角度建立基本框架,并予以系统化的。同时,财务会计是依据法律作为企业义务而建立起来的会计制度,对会计处理和记录都有明确的准则。这一点和第9章中所说的环境报告书中的外部环境会计是不同的。因为外部环境会计迄今为止都是由企业自主实施,可以由企业自由加以发挥和创造。但是,财务会计在考虑环境问题时,首先必须考虑其所依据的准则。

10.1.2 财务会计准则

对财务会计所涉及的制度及准则进行详细叙述已超出了本章

的范围，这里只简要地概述。日本对企业会计信息披露最有代表性的法律有公司法（旧商法）和金融商品交易法（旧证券交易法）。对于上市公司特别要求其每年必须根据金融商品交易法提交"有价证券报告书"，其中的财务报表及关联财务报表都有信息披露的义务。报表的用语、格式、编制方法等在日本内阁府令的财务报表及关联财务报表规则中都有规定，没有规定的事项则遵照"一般的、公开妥当的企业会计准则"。

241

关于后者，具体来说就是企业会计审议会所制定的企业会计原则和报表原则框架。关于研究开发费、金融商品、纳税影响会计、减损会计、股票期权等各种相关问题，企业会计审议会及发挥同样作用的企业会计准则委员会也制定了个别会计准则。作为对这些会计准则的补充，还有企业会计准则委员会的适用导引和实务对应报告、日本注册会计师协会的实务导引等。

国际上，国际会计准则理事会（IASB）制定了"财务报表的编制和呈报框架"（Framework for the Preparation and Presentation of Financial Statements）及国际财务报告准则（IFRSs）等一系列会计准则。同时，IASB 的国际财务报告解释委员会（IFRIC）还公布了适宜的解释指南。

这些构成了一个整体的、广义的国际会计准则，对世界各国的会计实务都产生着影响。欧盟决定从 2005 年起采用国际会计准则，欧盟各成员也推进了相关的法律修正和完善。日本的会计准则与国际会计准则并不完全相同，消除二者差异以弥合分歧的工作正在推进，关于采用 IFRSs 作为会计准则的讨论也在进行当中。

目前的有价证券报告都以合并财务报表为中心，本章的内容并不因合并或单独而产生差异，下面的阐述也不对两者作特别说明。

10.1.3　与环境问题的关联

如前所述，财务会计准则虽很详尽，但并非不存在问题，尤其是在环境问题这样的新领域，相关准则并不充分，虽然有相关准则，但未明确准则的具体应用。

例如，涉及环境保护对策的支出在会计上可以作为资产项目。但是，若准则不明确，将作为资产项的与环境相关的支出记入费用，则有可能给企业利润带来压力，这对于经营者推进环境保护活动来说是会产生相反效果的。另外，假设有害物质的处理和污染消除等都会预支很多支出，如果不记入负债，对投资者和股东来说要把握其真实状态也是困难的。也就是说，涉及环境问题的现在和未来的支出在财务会计上如何处理，将左右企业的行动，投资者也有可能因此处于一种潜在的不利地位。

因此，有必要讨论在财务会计框架内处理与环境问题相关的项目时所遇到的一些问题。首先，各个环境问题在现行的会计准则中应该如何处理？它们对财务会计上的利润会产生怎样的影响？其次，对于各个环境问题，现行的准则是否适用？因为环境问题有其特性，现行的会计准则有能充分适用的，也有不能适用的。如果存在问题，那么应该对准则作哪些新的补充？迄今为止，像股票期权和金融产品之类的会计准则，都是财务会计为应对新出现的问题而追加的新的会计准则，后面提到的排放量交易会计也是这类实例。

10.1.4　与财务会计相关的环境问题的主要论点

关于财务会计框架内与环境问题的关联，海外若干公共机构发表了一些研究报告。其中的先驱者是加拿大特许会计师协会CICA于1993年公开发表的《环境成本与环境负债——会计和财务报告的相关问题》（CICA，1993）。1999 年联合国贸易和发展会议（UNCTAD）的"国际会计和报告准则政府间专家工作组（ISAR）"公布的题为《环境成本和环境负债相关的会计和财务报告》（UN，1999）的工作文件。制定国际会计准则的是 IASB，它虽然对 ISAR 没有法律影响力，但 ISAR 的工作文件的目的是为企业、规制当局、准则设定机构提供该领域最好的实务和思路。

这些文件都将对环境成本和环境负债的认识、测定、披露作为主要议题。环境成本可否记入资产也成为焦点。而另一方面，与成本相对应的收益却没有成为人们讨论的对象。例如，环境友好型产品的销售只是和其他产品的销售混在一起。企业由投入的环境成本而实现的环境保护带来的利益并没有成为讨论对象。企业外部产生的社会成本和社会利益，在财务会计上都没有记入。如第 8 章所述企业年报和有价证券报告中所披露的非财务信息的动向，财务会计对象的环境关联信息也只是限定在现有的财务会计的框架内部。

本章将在第 2 节讨论环境成本和资产记入，在第 3 节讨论环境负债。最后，在第 4 节讨论作为新动向的排放量交易的会计处理。

10.2　环境成本和资产记入

244

10.2.1　什么是环境成本?

广义的环境成本认为企业的环境成本包含环境成本和社会成本两个方面（图 10 - 1）。作为社会成本的环境成本，是企业进行经营活动而产生于企业外部的成本，意味着损害和价值的丧失，但这都在财务会计的对象之外。另一方面，作为企业成本的环境成本的中心内容又是企业负担的成本，如由于环境污染的发生而使企业评价下降导致企业形象恶化，而这又与企业收益减少相关联，因而被认为是潜在的环境成本，但这也没有成为财务会计的核算对象。财务会计的成本对象，是指与现在或未来的支出相伴随的成本。

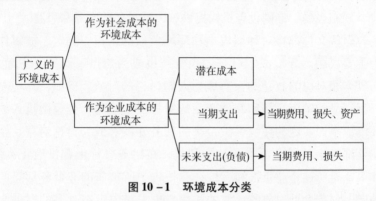

图 10 - 1　环境成本分类

作为未来的支出项，在当期以准备金的形式记入负债的情况下，在会计上是作为当期的费用。关于这一点，将在第 3 节环境负债中讨论。另一方面，也有人建议将当期或未来的支出，根据其是否与收益相关联而分为"费用"和"损失"，直接或间接地对收益做出贡献的支出可作为费用，而对收益没有贡献的支出则是损失。

CICA 的报告书中将污染防治、废弃物削减、再利用、环境关联的研究开发、环境管理体系的构筑及运营等的成本都称为"环境对策成本"，与环境关联的罚金和损害赔偿等则以"环境损失"相区别，并将这二者统称为环境成本。在 ISAR 的工作文件中，将环境成本定义为"企业的环境目的和与环境有关的项目中发生的成本，对伴随企业活动而产生的环境影响承担环境责任的方法及管理的成本"，罚金和损害赔偿等作为环境关联成本，不包含在该

245

定义中。如果将是否包括环境关联罚金另作处理，那么这里所说的环境成本就是为环境保护活动而花费的成本，相当于在第 9 章中环境省的《环境会计指南》中所提到的环境保护成本。

也就是说，在本章中提到的作为企业成本的环境成本，在财务会计上都已经作为费用、投资、损失而记入，涉及环境保护活动的内容都已经集中起来并加以类别化。现在的财务会计准则中没有这样的分类，而是在产品成本、库存资产、销售费、一般管理费、营业外支出、特别损失、固定资产等项目中分散记入的。其中的当期支出，是作为当期的费用或损失，还是在资产记入上作为将来的费用，都是需要进行选择的。下面，将就这一点进行阐述。

10.2.2　环境成本的资产记入

如果将当期支出作为费用或损失而记入当期，由于会从当期收益中减去，利润就会减少。但是在购得机器设备的情况下，即使在当期支出，但其不仅在当期还能在以后使用多年，为未来的收益做出贡献。这种情况下，在财务会计上通常记入固定资产，对应于使用年限，以折旧费的形式每年以一定比例根据取得金额记入费用。这是更为切实的损益计算，因为缓解了对取得年度利润的影响，也有利于促进企业对设备的投资。那么，在什么样的情况下，当期的支出能够记入资产呢？

IASB 在"财务报表的编制及报告框架"中将资产定义为"以企业过去的交易或事项而控制的资源，这种资源可以为企业带来未来的经济利益"（IASB Framework，第 49 项）。在 IFRSs 的国际会计准则（IAS）第 16 号"不动产、厂房和设备"（Property, Plant and Equipment）中特别定义为"企业可能会因为安全或环境原因购置一些不动产、厂房和设备。企业未能从其他资产中获得

246

未来经济利益。其购置可能是必需的，虽然它们不直接增加任何特定的现存不动产、厂房和设备的未来经济利益。处于这种情况，这种不动产、厂房和设备的购置可被视为资产加以确认……"（IAS 第 16 号第 14 项）。

关于这一点，ISAR 的工作文件中提出，"环境成本，按照以下事项，应该是流入企业的、对将来的经济利益有直接或间接关联而被资本化（记入资产）：（a）增强企业拥有的资产的效率、安全和改善能力；（b）预防或削减未来活动可能引起的环境污染；（c）保护环境"（UN，1999，第 15 页，第 14 项）。

实际的环境成本中，环境管理体系的运营和废弃物削减、再利用等，是与当期活动相关联的当期费用，如排水处理和热电联产新设备等都记入固定资产。但问题是，例如为了改善现有生产工艺而减少有害物质使用，为了提高资源的利用效率而增加支出等，这些只是单纯地作为对现有设备的修理而记入修理费用，还是像上面所说的那样，因其间接地与将来的经济利益相关联而记入固定资产？这些，都需要根据实际情况来进行判断。

10.2.3 环境成本披露

企业已经为环境保护活动投入了多少成本？未来还会有多少与环境问题相关的支出？这些信息的披露，都有可能有助于投资者评价企业应对环境问题的能力以及与环境相关联的风险的大小等。因此，建议认为环境成本应该披露。对此，ISAR 在工作文件中也有如下陈述：

"成为当期费用的环境成本的金额，可分为营业费用和营业外支出，在对业务规模、内容以及与企业相关联的环境问题的类型等进行分析后，应该记入资产，同时注明环境成本的金额。而因为违反法律而产生的罚金、针对过去环境污染对环境造成的损害以及给第三方带来的伤害要给予的补偿等，都应该分别披露。作为异常的损益项目而被记入的环境成本也应该分别披露。"（UN，1999 年，第 24 ~ 25 页，第 46 ~ 50 项要点。）另外，有必要对特定项目是否要进行信息披露的重要性进行判断，不仅其金额重要，项目性质的重要性也应该认真考察。

　　在现行的日本的会计准则中，例如发生土壤污染等事项而临时支出的金额，巨大的净化费用成为负担的情况下，则是用说明损失内容的计算科目来分别进行披露。但是，在日本的财务会计里并不存在这样的规定，即将现实中分散在销售费用、管理费用和制造成本等科目中的多种多样的环境关联费用均以"环境成本"的名称进行汇总计入。因此，对环境成本总额进行注释的实务也无法进行。另外，在实践中进行这种汇总时，对环境成本如何共通化，也意味着信息披露的动向，这些都是需要研究的课题。例如，环境保护不是唯一的目的，经营效果的改善结果如果对环境保护发挥了积极作用，在这种情况下的成本是否应包含在环境成本中？如果包含，应该有多少比例计入环境成本？这些都是需要考虑的问题。

　　关于这些还没有可以参考的规定。比如，有关研究开发费用，在"与研究开发费用等相关的会计准则"中，规定"研究开发费用是人工费、原材料费、固定资产折旧及间接费用分摊等，为研究开发而消耗的所有费用都包含在成本中"，"包含管理费用及当期制造费用的研究开发费用的总额，必须在财务报表中标注"。这些规定提供了研究开发目的的判定标准并成为对成本进行合计的要点，与是否将环境保护目的作为标准的环境成本来考虑的方法相类似。如果环境成本在投资决策中非常重要，则讨论这样的规定是很有意义的。

10.3 环境负债

10.3.1 什么是环境负债?

ISRA 的工作文件中对环境负债的定义是：与企业的环境成本相关联的负债且满足作为负债认定的标准（UN，1999 年，第 13 页，第 9 项）。那么，负债是什么呢？IASB 的定义是：由过去的事项形成的、预期导致企业经济利益流出的现时义务（IASB Framework，第 49 项），ISAR 也沿用了这个定义。如此一来，所谓环境负债，就是以与环境问题有关的过去的事项为起因、带来未来支出的现时义务。

例如，由于有害化学物质和重金属泄漏而发生的土壤污染，企业为之承担净化义务就是环境负债的一个典型案例。如果此类负债不切实记入，就不能正确计算期间内损益，如果这些不披露，投资者就不能正确评价企业的环境风险。

问题是，发生期间截止到何时可以认为是"现时义务"。有法律规定的当然不必多说，但是，即使不是法定义务，也有可能成为未来的支出。对此，CICA 的报告书中将负债分为三种，即法定债务、推定债务和衡平法债务。

所谓推定债务（constructive obligation），是指企业公开的承诺或者公开宣布的方针和声明而导致企业将承担责任，其结果也使有关各方形成了企业将履行该责任的合理预期而产生的债务。例如，企业基于对企业形象的考虑决定采用高于法律标准要求的污染净化措施，并将此对社会公布，社会各方当然也期待着企业履行承诺，这也从事实上推定了债务的存在。

与此相对，所谓衡平法债务（equitable obligation），是指基于伦理或道德观念而形成的债务。例如，在国外和国内发生同样的污染或事故的情况下，即使国外的规制不完善，如果企业以此为理由忽视对其的处理，这在道义上也是不允许的。从这个角度来考虑就是衡平法债务。

美国会计准则制定主体——财务会计准则委员会（FASB）在"关于财务会计概念的公告第 6 号：财务报表构成要素"中写明，负债项目不仅仅包含应该认为是负债的法定债务，也包含推定债务和衡平法债务两方面。但是，IFRSs 的 IAS 第 37 号中的"准备金，或有负债及或有资产"（Provisions，Contingent Liabilities and Contingent Assets），其中只有法定债务和推定债务作为构成负债准备金的债务，衡平法债务则不被认可。对此，ISAR 在其工作文件中也是这样认为的。因此，即使道义上存在问题，如果企业自身没有支付的打算，可以被认为不具备未来支出可能性，即没有达到构成准备金的基本条件。如果依照 IFRSs 来看，衡平法债务会由于企业的环境方针和周围的压力而提高支出的可能性。也可以这么说，在成为推定债务的情况下，在财务会计上也能够被认定为环境负债。

10.3.2　环境负债的计量和披露

在日本现行的财务会计中，并不使用"环境负债"一词。如果有这类事实，就用现行的会计准则进行对应。"企业会计原则注解18"中关于准备金是这样说明的：未来特定的费用或损失，其发生起因是当期以前的事项、若发生的可能性高并对其金额能进行合理预估的情况下，将属于当期负担的金额作为当期费用或损失记入准备金，将该准备金的余额记入借贷对照表的负债或资产的部分。

比如，电力公司估算原子能发电设施未来将付出的解体费用，

250

将其记入"原子能发电设施解体准备金"等科目。又比如发现土壤污染的情况下，估算出将来消除污染的费用，记入"土壤污染对策准备金"。

251　　　在记入环境负债时，有必要估算其金额。IAS 第 37 号中认为其金额必须是对需要债务决算支出的最佳估算（IAS 第 37 号第 36 项）。同时，企业也有不能控制的、发生在未来的不确定事项，因为这些事项未来是否会发生，会左右未来支出的或有债务。例如，在争议中的事件根据其诉讼结果而决定的损害赔偿债务也是这种情况。或有债务因为是不确定的债务，可以认定为负债，而不会记入费用。但是，其与财务影响的估算、金额和期间相关的指标等，要求必须在报表注释中披露（IAS 第 37 号第 36 项）。另外，IAS 第 37 号还规定，基于过去发生的事项而成为现时义务，其将来的支出额在不能估算出可信赖金额的情况下，不能作为准备金，而要求作为或有债务记入（IAS 第 37 号第 10 项）。

日本财务报表规则第 58 条关于或有债务的规定如下：有或有债务的情况下，其内容和金额必须在注释中说明。或有债务包括债务保证，处于争议事件中的、在现实中还没有发生的赔偿债务，其未来有可能成为企业业务负担的金额。

10.3.3　土壤污染对策法与减值会计

由于在日本各地发现了因有害物质而引起的土壤污染，日本政府于 2002 年制定了土壤污染对策法。该法律将土壤中所含的、有可能引起健康损害的物质如三氯乙烯等挥发性有机化学物质，镉、铅等重金属，PCB（Printed Circuit Board，印刷电路板）等 25 种物质规定为有害物质，在废除制造或使用特定有害物质的设施时，或者在已经判明由特定有害化学物质污染土壤而可能发生健康损害的情况下，土壤所有者负有调查的义务。在调查结果明确污染超过规定基准值的情况下，要向都道府县知事说明"污染区域"并记录于台账。污染区域中如果有饮用地下水或有人随意进入时，都道府县知事应要求土地所有者或污染制造者采取污染消除措施。

如果接受污染消除等命令即认定其为环境负债的观点也有必要再讨论。当然，即使不接受命令，也应该自觉实施污染消除措施。另外，企业自身所有土壤污染已经明确时，也有必要检讨减值是否发生。日本 2002 年实施了"关于固定资产减值的会计准则"，2005 年 4 月 1 日起，在企业年度业务中适用减值会计。

所谓减值会计，是指固定资产的收益低于当初预期值时，为了使资产收回的可能性反映在账面价值金额中，临时减少账面价值金额的会计处理。[1] 减值会计有"减值征兆"发生时，企业就需要检查。减值征兆，是从资产中产生的现金流持续为负值，资产回收的可能金额显著低下，资产的市场价值显著下降等。由于土壤污染的产生，对不动产的估值评价产生影响的可能性也会增加，这也与回收的可能价格和市场价格下跌相关联。在有减值征兆的情况下，将由资产带来的未来现金流的总额与账面价值进行比较，如果预期的未来现金流充足，对是否认识到减值损失的判断是没有实质性影响的。问题是，也有因业务环境的恶化等而对未来现金流低估的情况发生。这种情况下，如果土壤污染造成净销售额也低于账面价值，则可认为是减值损失。

10.3.4　资产报废债务的会计处理

2008 年企业会计准则委员会公布了"资产报废债务的会计准

---

〔1〕 一项或同一类固定资产的账面价值应定期地加以检查，以估计可收回的金额是否已降到账面价值之下。如果下降已经发生，则账面价值应减计至可收回金额。——译者注

则"，2010 年 4 月 1 日以后开始在业务年度中实行。这一准则是以将有形固定资产报废反映在未来的财务报表中为目的的。

所谓资产报废债务，指"购进、建设、开发或由经常使用而产生的有形固定资产，根据与该有形固定资产报废有关的法律或契约要求，而发生的法律上的债务及对其的遵守"。这里"法律上的债务及对其的遵守"还有一层含义，即在有形固定资产报废的债务之外的某有形固定资产。在其报废时，如其使用了法律认定的有害物质，也应该用特殊方法对其进行债务处理。

比如，为了防止石棉损害，厚生劳动省于 2005 年制定了石棉危害预防规则，在建筑物解体时要确认是否使用了石棉，如果使用了就有义务采取封闭或填埋等措施。像这样，企业拥有的有形固定资产如果使用了特定的有害物质，在资产报废时就有义务按照有害物质的报废方法进行处理。这样一来，企业将来为此要发生的支出是不可避免的，那么在现阶段就要考虑到有害物质报废债务的存在，这也包含在资产报废债务中。

资产报废债务发生时记入负债，与之相对应的报废时的费用也记入负债，这将增加关联的有形固定资产的账面价值。因此，记入资产的报废费用，通过折旧可将其在固定资产使用期间作为费用进行分摊。同时，记入资产报废债务的金额是通过估算其资产报废需要的将来的现金流，按当前的价值进行折算来计算的。

没有资产报废债务的会计准则时，如果打算将其记入同样的负债，只能记入准备金项目。但是，因为准备金只能将其所在年度的费用金额记入负债，其支出预计在将来的总额究竟是多少，并不能表示出来。与之相对的资产报废债务，也包含此后年度里分摊的费用，最终记入报废费用的总金额中。因此，即使对当期利润没有太大影响，也可以说扩大了负债记入的范围。比如，东京电力公司在 2009 年度的决算中，就将原子能发电设备解体作为准备金记入 5100 亿日元债务，但在 2010 年度决算中并没有这笔准备金，而是以资产报废负债 7919 亿日元记入负债。

10.4　排放量交易会计

10.4.1　京都议定书和京都机制

2005 年 2 月，京都议定书生效，议定书的批准国日本、欧盟等国家都有削减温室气体排放的义务。这里所说的温室气体是指对地球温室效应有影响的气体，是京都议定书中对 CO_2、甲烷（CH_4）、一氧化二氮（N_2O）等 6 种气体的总称。与 1990 年（部分温室气体与 1995 年）相比，日本从 2008 年到 2012 年的温室气体排放量，5 年中必须削减 6%。但是，关于 2013 年以后的减排框架，在本书完成时国际尚未就此达成一致意见。

京都议定书是为了支援成员国达成减排义务，由国际排放量交易（IET）、清洁发展机制（CDM）、联合履行机制（JI）等被称为京都机制的一系列文件的总称。IET 是指不能达成目标排放量的国家，从低于目标排放量的国家手中购买其剩余的排放量；CDM 是成员国在没有减排义务的发展中国家实施的减排项目，由此来获得温室气体减排量［即核准减排量（CER）］；JI 是发达国家共同实施的项目。在采取温室气体减排的发达国家中，一部分是技术性削减排放量余地较小的国家，另一部分是技术性削减放量余地较大的国家。为了用较低的成本实现更多的减排量，京都议定书导入了减排的方法和措施。但是，也有人质疑：从全球来看，这些方法是否有实质性的减排效果？

10.4.2　企业间的排放量交易

京都机制是其成员国为达成减排目标而认可的框架，欧盟从

257   2005 年 1 月开始，将纳入特定业种的企业作为对象企业来实施企业间的排放量交易。这个框架是根据预期目标将温室气体排放量在企业间进行分配，对超出分配排放量的企业要处以罚款；超出排放定额的企业，可以通过市场从排放量控制在排放额度以下的企业处购买其剩余部分。排放定额量设定为上限，实际排放量与它的差额可以进行市场交易，这种排放量交易被称为"限额交易"，如图 10 – 2 所示。日本环境省 2005 年起开始实行日本自愿碳排放量交易方案（JVETS）。为了在日本国内推动义务性的碳排放量交易制度，日本 2010 年在中央环境审议会中又设立了国内排放量交易制度小委员会，并于 2010 年 12 月发布了"中间报告"。东京都于 2008 年修改了环境安全条例，将东京都圈内大规模排放企业作为管理对象，制定了"温室气体排放总量削减和排放量交易制度"。这是在东京都实施的独立的、具有强制力的排放量交易制度，削减义务从 2010 年 4 月开始。

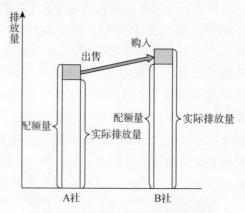

图 10 – 2   限额与交易的思考方法

258   与此同时，实行 CDM、接受认证而获得 CER（排放信用）的企业案例也在增加。这里将没有实施 CDM 时的情况作为基准，而将由于实施 CDM 而削减的部分作为信用取得，统称为"基准与信用"，如图 10－3 所示。企业在获得 CER 后，与国内的 CER 将构成怎样的关系？将来能否作为交易的资产而被使用？这些都存在不确定因素，都是与财务会计相关的需要处理的问题。

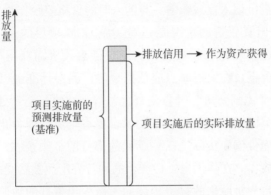

图 10－3　基准与信用的思考方法

10.4.3　依据企业会计准则委员会的排放量交易会计

企业会计准则委员会 2004 年公布了实务指引第 15 号报告"关于排放量交易的会计处理试用方案"，并于 2006 年公布了修正版，显示了将来必要的会计处理，日本企业在实践中投资基准与信用项目或购入排放信用都是排放量交易的开始。在日本国内排放量交易制度真正实施之前，其作为在国内统一市场试行的一环，实行自主参加和国内信用综合的试行排放量交易方案。为了明确这个方案中必要的会计处理，企业会计准则委员会又对该方案进行了追加和修正，并于 2009 年公布了再次修改后的版本。

同样的处理将排放信用的取得分为两种情况：①只为与第三方交易而取得；②预见到企业自身未来使用而取得。取得的方法也分为两种：（a）从其他企业购入；（b）通过出资获得。我们通过区分来讨论其会计处理。

259

首先是①只为与第三方交易而取得的情况下，(a) 从其他企业购入时，基本上与通常的商品购入作同样处理，将取得的成本以"库存资产"来处理；在期末，如果净售价低于购入时的价格，将净售价记入复式账簿，与购入时的价格差距作为当期费用。(b) 通过出资获得的情况是指对实施 CDM 项目的企业等投资，将取得排放信用作为投资目的，或伴随着投资而获得排放信用。在这种情况下，在出资时点应依据金融产品会计准则以"投资有价证券"、"关联公司"、"投资资金"等形式进行会计处理。作为出资的结果而被分配到排放信用时，要将企业迄今为止所拥有的出资的账面价值中实际上已经赎回的部分的金额减去，作为排放信用取得成本。在作为出资后产生的利益分配而被接受的情况下，如果被认定为是原来的投资延续而不减少出资额的话，则可将分配得到的排放信用的时价记入收益中。像这样，由分配而获得的排放信用作为库存资产与 (a) 作同样处理。

今后，排放信用活跃的市场交易将不断规范，当企业将其作为金融投资而进行交易时，以交易作为目的的将被视为库存资产。在这种情况下，不用净售价（可变现净值）而用市场价格计入期末的复式账簿，与购入成本的差额则作为当期损益处理。

其次是②企业预见到自身未来使用而取得的情况。这是企业在未来达成自主行动计划时，或在关于排放量削减的规制被强化时，企业以自身减排为目的而获得的排放信用。因为这些排放信用也有可能向第三方出售，所以获得时应记入资产，在充当企业自身的削减量时则记入费用。即 (a) 从其他企业购入的情况下，购入时记入"无形固定资产"或"其他投资资产"，持有期间不作折旧处理，在充当企业自身的减排量时，以"销售费用、一般管理费用"的适当科目重新在费用中分类。向第三方销售则作为"无限固定资产"或"其他投资资产"销售处理。(b) 通过出资获得的情况下，由出资获得的排放信用和①作同样处理；取得的排放信用的会计处理上和②中的（a）相同。

以上摘要见表 10 - 1。表中体现了排放量交易所具有的特点。在排放量交易试行方案中，企业从政府处无偿取得排放额度的情况下，在会计上不按交易处理。也就是说，无偿取得的排放额度不记入资产。另外，对已参加若干年度的减排方案如中途出让，因为是临时性的，则记入临时收入等账户名下，最终达成的目标与预期值在利益上作重新分类。东京都以企业会计准则委员会的实务指引第 15 号报告为基础，于 2010 年公布了东京都关于排放量交易制度的会计处理"基本方案"。

表 10 - 1　日本排放量交易的会计处理概要　　　　261

	①以向第三方交易为目的	②企业自己使用
（a）从其他企业购入	取得时：库存 评　价：取得成本 　　　　或净售价额 　　　　（低于购入时的情况下）	取得时：无形固定资产 　　　　其他投资 评　价：取得成本 　　　　不作资产折旧 企业自用时：销售费、一般 　　　　管理费
（b）通过出资获得	出资时：投资有价证券 　　　　关联公司 　　　　投资资金 评　价：减去投资额，或按 　　　　时价记入收益 取得后与（a）作同样处理	出资时：投资有价证券 　　　　关联公司 　　　　投资资金 评　价：减去投资额，或按 　　　　时价记入收益 取得后与（a）作同样处理

出处：笔者基于企业会计准则委员会（2006）"关于排放量交易的会计处理试行方案"（实务报告第 15 号）整理而成。

10.4.4　根据 IFRIC 的排放权解释指引

2004 年，IASR 发布了 IFRIC 解释指引第 3 号"排放权（emission rights）"，这是应对前面所提到的从 2005 年在欧盟开始的排放量交易。它与日本的不同，是将限额交易作为指南的前提。其内容简述如下：

最初分配的排放额度认定为无形资产，以公允价值计量。排放额度低于公允价值发放的情况下，所支付的金额与公允价值的差额作为政府补助金进行处理。该政府补助金作为初期的递延收益记入，排放额度在存续期间变更为收益。实际排放量产生的情况下，必须支付排放额度的义务被认为是负债（准备金）。这种负债，因为是从相应的排放额度中支付，在期末时可以排放额度的市场价格来计量。

262　　但是，这类交易因为实际使用中结合了 IAS 第 38 号（无形资产），IAS 第 37 号（准备金，或有债务及或有资产），IAS 第 20 号（政府补助金的会计处理及政府援助信息披露）等准则，人们也指出它们相互间有矛盾，存在不匹配之处。2005 年 6 月在伦敦召开的 IASB 第 47 次会议上，废止了解释指南第 3 号。同年 9 月召开的 IASB 第 49 次会议上，就关于排放量交易的会计处理新项目实施达成了合意。但是，该项目是从"为了对排放量交易进行切实的会计处理而对现行的 IFRSs 如何修订更好"的视角来进行讨论的，并不是将排放量交易作为对象来设定的单独的会计准则。

对于 IASB 来说，由于维持财务会计框架的一致性和完整性更为重要，所以在考虑排放量交易时，是在既定的框架中将其作为资产或负债哪个科目更合适的角度来考虑问题的。而从环境经营的视角来看，更看重会计处理的内容和方法等与这一制度的意图是否相符合。限额交易的排放额度，不是单纯的、可以出售的资产，而是允许排放的上限值，将实际排放量控制在这一范围内是企业的义务。所以，它是与义务相配套的资产。对于这种义务的执行状况，人们期待有助于投资者和其他的利益相关者理解的会计方法出现。同时，基准与信用的会计整合也是很有必要的。这些，都是今后围绕排放量交易的会计处理需要讨论的课题。

思 考 题

1. 作为环境关联信息披露手段的财务会计有哪些优点？又存在哪些限制？请分别给予说明。

2. 关注现实中有环境负债的企业，并结合其相关的业务内容和最近的报道进行思考。阅读企业的财务报表，请确认其是否记入了环境负债。

3. 如果将衡平法债务作为环境负债来看待，对于利益相关者来说有哪些优点？又有哪些不便之处？

4. 在限额交易的排放量交易中，当排放额度被无偿分配时，如果将该排放额度作为资产记入，你认为会存在问题吗？如果不作为资产记入又会存在哪些问题？

参考文献

1. 勝山進編：『環境会計の理論と実態』（第 2 版），中央経済社2006 年版。

2. 河野正男編：『環境会計の構築と国際的展開』，森山書店 2006年版。

3. 阪智香：『環境会計論』，東京経済情報出版 2001 年版。

4. Canadian Institute of Chartered Accountants（CICA），*Environmental Costs and Liabilities*：*Accounting and Financial Reporting Issues*，1993.

［平松一夫、谷口（阪）智香訳：『環境会計——環境コストと環境負債』，東京経済情報出版 1995 年版］

5. International Accounting Standards Board, *International Financial Reporting Standards* 2003: *Incorporating International Accounting Standards and Interpretations*, 2003.

6. United Nations (UN), *Accounting and Financial Reporting for Environmental Costs and Liabilities*, 1999.

第
11
章

资本市场与环境问题

要 点

　　很多企业都会受到来自资本市场的压力，这也会影响到企业的行为。随着环境经营的推进，企业对环境问题的行动也有必要获得来自资本市场的切实评价。一直以来，在社会责任投资（SRI）领域，对企业在环境问题和社会问题方面行动的评价，也反映在投资行为中。1990 年代以来，社会责任投资开始在金融业界扩大，联合国和欧盟在投资决策和对社会问题的关注方面有所行动，这也强化了对机构投资者的影响。本章将阐述在促进环境经营方面资本市场的动态。

关键词　社会责任投资　社会屏障筛选　股东主张　责任投资原则　赤道原则　碳信息披露项目

11.1　评价环境经营的市场

11.1.1　资本市场与企业行为

　　所谓资本市场，是指拥有资金的个人和金融机构、年金基金等机构投资者，运用其资金对需要资金的企业进行资金调配的市场。具体来说，投资者如以股票和债券为对象的证券市场，涉及借贷等业务的金融市场等。在这些市场中的投资者，要考虑投资对象的风险和收益来作投资决策，其结果表现为资本的成本和股价。这也被人们看做资本市场对企业经营状况的评价。在很多情况下，经营者都希望来自市场的较高评价，并反映在企业对具体经营行为的判断上。

换言之，企业经常受来到自资本市场评价的压力，由此也影响着企业行为。随着企业环境经营的推进，资本市场对企业在环境问题方面所采取的行动也需要有切实的评价。那么，现实中的资本市场，会在多大程度上对企业的环境友好行为给予评价呢？本章将把资本市场在促进企业环境经营方面所担负的责任作为一个讨论焦点。

11.1.2 环境友好型投资的起源

对企业在环境问题方面的行为进行明确的评价，反映着投资决策，这种投资被称为社会责任投资（SRI）。具体来说，投资者对在环境友好方面表现优秀的企业给予积极的投资，否则排除其作为投资对象，或将股东背景对企业的影响作为考虑因素等。SRI的评价对象，不仅仅限于环境问题，还与人权问题、员工问题、社区社会等广泛的问题相关联。SRI的实践者被称为社会投资者，其中特别注意环境友好的投资人被称为绿色投资者。

SRI起源于基督教，1920年代在英国和美国的基督教会对于从事制酒业、烟草业和赌博业的企业，都不将其列为投资对象。1960~1970年代，美国出现了公民权运动、环境保护运动、反战运动等多种社会运动，SRI也向人权问题、环境问题、反军需产业等领域扩展，南非针对种族隔离政策的批判，也被纳入到SRI

的领域中。以此为契机，不仅仅是基督教会，其他社会组织如公务员年金基金、工会、大学基金等都参与到 SRI 中。尤其是在1970 年代初期，关注环境问题和社会问题行为的投资信托出现，不仅仅使小额基金，也使一般的投资者可以参与到 SRI 中。实践中，除了将特定的企业排除在投资对象外，还出现了多种多样的 SRI 方法。

267

出于对环境问题的关注而实施的投资行动，一直以来就是SRI 的一部分。

11.1.3　超越社会责任投资

1990 年代至今，在美国及欧洲的 SRI 资金规模都大幅度地增加。其背景是更多的人开始关注环境问题和社会问题等，并考虑其在企业风险管理和企业社会形象等方面对提高企业价值所做出的贡献。这些基于 SRI 的考虑，与特定的宗教和社会运动无关，对一般的投资者来说都容易接受。其表现是主流的金融机构也开始对 SRI 采取措施，这被称为 SRI 的主流化现象。

近年来，将关注环境和社会问题的行为纳入到投资决策中的思考方式，也因为联合国和欧盟的积极推进而普及。其结果是，这些思考方式持续超越以前的 SRI，不仅仅使 SRI，也使责任投资（RI）和可持续发展投资的多样化。特别是随着欧洲年金基金向这方面投资的活跃，这些投资行为的中心也从美国开始向欧洲转移。实际上，为了使环境经营在企业中真正扎根，不单纯是 SRI 有特殊的投资领域，而是所有资金的流向都有必要关注环境问题并采取行动。这不仅仅意味着联合国和欧盟的行动，也可以说是金融机构的环境经营或 CSR 课题。

第 2 节将对有代表性的 SRI 方法进行阐述，第 3 节介绍日本的动态，第 4 节介绍有代表性的超越 SRI 的方法和措施，第 5 节

268

讨论其未来的动向及其变化背后的因素，并讨论其理论变迁。

11.2 社会责任投资（SRI）的方法与现状

11.2.1 社会屏障筛选

美国将 SRI 的代表性方法分为三类：社会屏障筛选（social screening）、股东主张、地方自治团体的投资。Screening 有"帘子"或"筛"的含义，在投资中使用该词的含义是通过帘子过滤水去除不纯物质，即从众多的股票和债券中只选取应该投资的企业。通常的投资决策都是基于利润率和成长性等来作选择，这被称为财务筛选。而社会屏障筛选是从应对环境问题和社会问题的视角来选择投资的对象企业。

筛选又分为否定筛选（negative screening）和肯定筛选（positive screening）两种。否定筛选是将涉及烟草、酒、赌博等特殊业种的企业从投资对象中排除出去，肯定筛选是对企业在环境问题和员工问题等方面的措施进行评价，将评价低的企业排除在投资对象外，而对评价高的企业采取积极的投资措施。

表 11-1 是 SRI 型投资信托所采用的主要的筛选明细表。从采用筛选的基金资产总额来看，绝大多数都将烟草、酒类等企业排除在外，而环境问题则是关注的主要主题。

269 表 11-1 美国 SRI 型投资信托所采用的筛选明细

筛　选	金额（10 亿美元）
烟　草	159
酒精类	135
赌　博	41

续表

筛　选	金额（10 亿美元）
防务、武器工业	34
社区关系	32
环境问题	31
员工关系	31
产品、服务	28
平等雇佣	27
宗教事务	12
色　情	12
人　权	11
动物实验	10

出处：Social Investment Forum, *2005 Report on Socially Responsible Investing Trend in the United States*, 2006, p. 8, SIF.

　　筛选的评价标准称为社会标准。表 11 - 2 是美国有代表性的 270 SRI 调查公司 KLD［目前已被收购，更名为 MSCI（Morgan Stanley Capital International）］与环境问题有关的社会指标。这些相关指标，是以企业的环境报告书、有毒物质排放清单（TRI，参见第 8 章）等政府公开的数据库和对各个企业的访谈和问卷调查等作为数据来源，并对结果进行综合而选定的。

　　这些处理方法的大框架是多数 SRI 调查机构所共有的，但个别调查机构会分别根据企业的具体情况而选取不同的社会指标。比如有对个别环境问题采取措施而将其成果置于考察重点的案例，也有将整体的经营理念和管理体制作为焦点的案例。结果评价采用综合方法，通过分值赋予权重计算出总分值，通过一定的处理方法而得出简明易懂的结果，这也是各调查机构所独有的方法。

当然，在实际运用中，不仅仅是社会指标筛选，还会结合财务指标筛选，被低估的股票价格、买卖时机等因素综合考虑。

表 11 - 2　KLD 公司与环境问题相关的社会指标

正面评价	负面评价
环境友好的产品、服务	农　药
绿色能源	气候变化（地球温室效应）
环境管理体系	有害化学物质
污染防治	臭氧层破坏
再利用	违反法律法规
其　他	重要污染物排放
	其　他

出处：KLD 公司主页（http：//www. kld. com/research/ratings_indicators. html，截至本书初版时点）。

11.2.2　股东主张

股东主张是指投资者对投资对象企业行使权利鼓励其某种行为。具体表现为在股东大会提出提案、行使决议权、与经营团队直接对话等形式。它以经营者报酬的适当化、对经营方针的要求、对经营权的介入等为多种目的。其中，将环境问题和社会问题作为特别关注焦点的表现，被称为股东主张。同时，以将其在议案中提出的方式行使权利的方法被称为股东提案。股东提案的主题因董事会成员的人种、性别等的多样性，会涉及多个不同的方面，如雇佣平等、人权问题、艾滋病应对、经营团队报酬和经营业绩等，还有能源问题、环境管理体系的导入、环境报告书的制作、应对气候变化、关注可持续发展等。其中，关注环境问题的居多。

271

美国的 SRI 型信托投资和关注 SRI 的投资者等，往往同时采用社会屏障筛选和股东主张。

美国社会责任投资论坛（SIF）主要专注于 SRI 的调查和机构投资者联合体 SRI 的调查。根据其调查，2004 年股东提案为 350 件，2005 年为 348 件。其中，2005 年关于环境问题的提案动向如表 11 - 3 所示。表中建议撤销的提案，是股东提出提案后通过与经营团队的对话，双方达成了若干合意而由股东撤销的提案。这些是在实际投票的提案之外，是公司方面获得 SEC（证券交易委员会）的许可，从议题中去除的。如表中所示，股东的提案能获得过半数的赞成票通常是比较困难的。但是，在美国第 1 年能得到 3% 以上赞成票的提案，第 2 年就被认可为再提案；赞成票超过 10% 的提案，被认为一定会获得来自社会的支持。这样，就会对经营团队的行动构成实质性压力。

表 11 - 3　美国有关环境问题的主要的股东提案（2005）

提案内容	股东提案总数	撤销提案数	投　　票	平均得票率
能源问题	3	0	3	6.9%
环境管理/环境报告书	18	3	12	9.1%
气候变化风险	35	7	11	10.8%
可持续发展	19	11	10	24.1%

出处：Social Investment Forum, *2005 Report on Socially Responsible Investing Trend in the United States*, 2006, p. 19, SIF.

11.2.3　地方自治团体的投资

272

地方自治团体的投资是指以社区再生和发展为目标，对贫困层、少数住房公积金和商业资金等投入低利息资金进行的融资活动。社会屏障筛选和股东主张主要是将上市公司作为考察对象，是对大企业在经营活动方面给予鼓励，而地方自治团体的投资是以贫穷的个人和小规模企业为对象，为他们提供必要的发展资金。

由于其是将原本不是经济中枢的边缘部分作为投融资对象，因而资金规模在 SRI 中也是比较小额的。但其资金量从 1995 年的 40 亿美元增加到了 2005 年的 200 亿美元，2010 年为 417 亿美元，呈现每年稳定增长、在社会中渐渐扎根的良好态势。它以面向贫困阶层的小规模无担保抵押融资开始，提供存款和保险等多种金融服务，被称为小额信贷。其不仅在美国，也在全世界逐渐发展。其典范是孟加拉国的银行家穆罕默德·尤努斯（Muhammad yunus）。1976 年，他在孟加拉乡村银行（Grameen Bank）开始实施面向贫困人口的小额贷款，并于 2006 年获得了诺贝尔和平奖。

11.2.4　SRI 的资金规模

据 SIF 测算，截至 2010 年，美国总计 SRI 金额为 3 兆 690 亿美元，包含地方自治团体的投资资金，占全美投资资金总额 25 兆 2000 亿美元的 12.2%，即全美资金总额的 10% 以上是 SRI。其中，2 兆 5120 亿美元是社会屏障筛选，1 兆 4970 亿美元是股东主张，二者合计为 9812 亿美元。

据欧洲与 SRI 相关的调查机构和机构投资者网络欧洲社会投资论坛（Eurosif）的数据，除去基于 3 个以上积极与道德规范的、具有筛选特性的"核心 SRI"资金，截至 2009 年，在欧洲的 SRI 资金规模是 1 兆 2000 亿欧元；由 2 个以下规范（除去单纯的筛选和股东主张）构成的"广义 SRI"资金合计为 3 兆 8000 欧元，总计约为 5 亿欧元。

11.3　日本的社会责任投资

273

11.3.1　生态基金和 SRI 基金

1999 年，日兴资产管理有限公司发售了"日兴生态基金"，成为日本 SRI 投资信托的先驱者。该基金以企业对环境问题的关注和措施状况来进行筛选，是日本国内的股票型投资信托基金，在当初被总称为"生态基金"。

2000 年，朝日生命资产管理有限公司推出了不仅包括环境问题，也以雇佣问题和消费者应对等为筛选因素的基金，名曰"明天的翅膀"（明日之翼）。以此为契机，日本各个企业都相继推出了具有更广阔视野的 SRI 型投资信托基金。这些基金不仅在日本国内发行，也向国外发行。2003 年，日本年金基金开始进行 SRI 型投资，也有机构更直接地面向贫困问题开展小额信贷融资，或支援可再生资源开发，以经济利益和解决社会问题为双赢目标的投资渐渐展开，这样的投资方法被称为"影响力投资"。2008 年以来，市场也开始提供与影响力投资有关的各种债券型金融产品，如在不动产、股票、债券等的投资中，人们也开始考虑选择环境友好的商品或企业，环境不动产的说法也开始出现。

表 11 - 4 所显示的是截至 2011 年 9 月日本的 SRI 型投资信托基金的部分摘录。

274　**表 11-4　日本的 SRI 型投资信托基金摘录（截至 2011 年 9 月）**

	设定年月日	基金名称	运营公司	余额（亿日元）
国内股份·混合型投资信托	1999 年 8 月 20 日	日兴环保基金	Nikko am	114.4
	1999 年 9 月 30 日	损保日本·绿色·开放	SOMPO Japan · Nipponkoa Asset Management	140.0
	2000 年 9 月 28 日	朝日生命 SRI 社会贡献基金	Asahi Life Asset Management	27.3
	2003 年 12 月 26 日	住信 SRI 日本·开放	Sumitomo Mitsui Trust Asset Management	118.5
	2004 年 4 月 27 日	富国 SRI 基金	Shinkin Asset Management	22.3
	2004 年 5 月 20 日	大和 SRI 基金	大和证券投资信托委托	20.2
	2004 年 12 月 3 日	三菱 UFJ SRI 基金	三菱 UFJ 投资信托	15.6
	2005 年 3 月 18 日	Risona 日本 CSR 基金	Pine Bridge Investments	30.1
	2006 年 3 月 9 日	大和绿色基金	大和证券投资信托委托	68.0
	2006 年 6 月 12 日	住信日本股份 SRI 基金	Sumitomo Mitsui Trust Asset Management	35.8
	2006 年 11 月 30 日	中央三井社会责任基金	中央三井 Asset Management	5.6
	2006 年 12 月 8 日	信用金库 SRI 基金	Shinkin Asset Management	3.3
	2007 年 1 月 19 日	女性综合平衡股份 70	Amundi Japan	6.0
	2008 年 12 月 25 日	大和能源技术基金	大和证券投资信托委托	28.2

续表

设定 年月日	基金名称	运营公司	余额 （亿日元）
2009 年 9 月 30 日	DIAM 日本绿色基金	DIAM Asset Management	12.8
2010 年 3 月 29 日	结 2101	镰仓投资信托	7.9
其他国内股份·混合型投资信托 21 件			
国内股份·混合型 SRI 投资信托　合计 37 件			802.9
2004 年 3 月 26 日	World Water Fund	Nomura Asset Management	128.0
2006 年 12 月 20 日	日兴·DWS New Re- source Fund	Deutsche Asset Management	186.7
2007 年 7 月 26 日	DWS 地球温室效应对 策关联股投资信托	Deutsche Asset Management	138.6
2007 年 7 月 27 日	三菱 UFJ Global EcoWa- ter	三菱 UFJ 投资信托	100.7
2007 年 8 月 29 日	Nomura Aqua 投资	Nomura Asset Management	146.9
2008 年 5 月 1 日	Russell 世界环境技术 基金	Russell Investments	84.7
2009 年 12 月 18 日	Fortis 中国环境关联股 份投资信托	Fortis Asset Management	133.0
2011 年 3 月 1 日	大和 Micro Finance Fund	东京海上 Asset Management	165.1
2008 年 11 月 10 日	Nissei 环境先进国债券 基金	Nissei Asset Management	4.5
其他国际股份·混合·债券型投资信托 41 件			
国际股份·混合·债券型投资信托　合计 50 件			1870.7
SRI 投资信托合计			2673.6

注：国际股份·混合·债券型投资信托（第2行起左侧纵向合并单元格标签）

出处：社会责任投资论坛（SIF – Japan）主页（http://www.sifjapan.org/）。

　　表 11 - 5 列入了主要的影响力投资债券。其中包含面向机构投资者的影响力投资债券。从日本社会责任投资论坛（SIF）的调查来看，该时点的 SRI 资金规模大约为 8032 亿日元。

表 11 - 5　影响力投资债券摘录

产品名称	发行组织	资金用途	承销机构
预防疫苗债券	预防接种的国际金融机构	为发展中国家的孩子提供预防疫苗	大和、三菱 UFJ、HSBC、JP Morgan
Micro Finance Bond	国际金融公社	对宏观金融机关的投资和融资	大　和
绿色世银债券	世界银行	支援地球温室效应对策的事业	大和、SBI
环境支援债券	北欧投资银行	对环境关联项目的融资	野　村
未来地球债券	欧洲投资银行	支援可再生能源和能源效率化项目	HSBC
Green Energy Bond	非洲开发银行	绿色能源开发事业	MIZUHO、HSBC
Green Bond	挪威地方金融公社	削减消费能源及支援削减温室效应气体的排放	日兴、HSBC
中南美儿童抚育支援债券	美洲开发银行	支援在中南美的贫困对策事业	大　和
绿色 IFC 债券	国际金融公社	对环境关联项目的融资	野　村
累积销售额 5124 亿日元			

出处：社会责任投资论坛（SIF - Japan）主页（http：//www. sifjapan. org/）。

这一金额，与日本个人金融资产 1400 兆日元相比，不足 0.1%，与欧美相比也非常小。但是，考虑到 SRI 在日本的出现还不足 10 年，也可以认为其发展还是较顺利的。其与欧美资金规模的不同，也反映了日本历史性积累的不同和证券投资方面存在的某种程度一般化的不同。日本 SRI 的特点是从面向个人的投资信托开始，年金等机构投资者的加入较少。

11.3.2　日本的股东行为

近年来，投资基金对于所投资的企业实施股东提案，来自股东方面的声音在日本日益得到重视。但多数还是围绕经营权的争夺，与环境问题和社会问题相关联的股东提案并不多。例外的案例是对电力公司，1989 年成立的"脱离核电·东电股东主张会"从 1991 年以来，每年都对东京电力公司提出相关的股东提案，这也是一个典型案例。

日本股东提案的门槛高，其条件是投票总数超过 1%，且 300 名以上的表决权持续保持 6 个月以上。在同一股东大会中，如在 2005 年获得 766 名一般股东的赞同，则限制条件就取消。该提案内容是一系列的，但其中对实施原子能发电的成本和风险从股东的立场上进行了检讨，可以认为是一个很冷静的提案。2011 年 6 月的股东大会上，股东们对刚刚发生（3·11 日本大地震）的福岛核电站事故高度瞩目并提出了提案。提案内容是：应该将"从旧反应堆开始依次停用，并且不再建设新的核电站"的条款写进企业章程。此外，不仅仅是环境问题，NPO 法人"股东申诉专员"对若干大企业也提出了股东提案，不仅要求其披露管理人员的薪酬总额，还要求其披露个别高管人员的薪酬额。

一直以来，日本没有和股东主张并行的 SRI 型投资信托基金，但 2006 年 7 月末，本部在冲绳的可持续发展投资公司发行了"生态价值提升基金 1 号匿名组合”，在日本首次发售将股东主张进行组合的基金。

11.3.3　NPO 银行和市民风车

作为与美国的地方自治团体的投资相类似的活动，一些 NPO 银行建立并运作了来自草根阶层的对环境和社会关注的资金流。以 1994 年在东京设立的未来银行为开端，日本全国共有 10 例这样的银行。例如，未来银行事业工会，作为民法上的工会募集资金，对环境 NPO 和福利事业、太阳能发电等项目给予融资。2005 年 3 月末的资金余额为 1.5 亿日元，出资人约 400 人。他们不依赖已有的金融机构来管理，而是自己管理资金的使用方法，将资金投入到对社会来说必需的活动中。

在北海道、青森和秋田等地，也有“市民风车”的尝试。即利用来自市民的资金建设风力发电设施，所发出的电卖给电力公司来偿还资金，目前已经建立了 5 组，每组 2 亿日元左右。从这里我们可以理解关注环境的资金流在草根阶层的创立及运作。2011 年 3 月 11 日的日本关东大地震后，支援东北地区事业振兴的各种基金也先后成立。

这些资金量从日本金融市场的整体来看是很小的，但其实施的是与地域结合紧密的环境友好事业，因而具有很大的意义。虽然它和企业的环境经营的直接接触点还不多，但其动向有望在扩大 SRI 的视野和范围方面发挥作用。

11.3.4　环境友好型融资

已有的金融机构在其融资活动中将环境视角纳入其视野中，对企业的环境行为进行评价而产生了环境友好型融资。其代表性的例子是由日本政策投资银行设立的“环境友好型经营促进业务”。

这一业务是该银行基于自己开发的环境等级制度对企业的环境经营度进行评分，对得分优秀的企业提供三段式的融资利息优惠，环境等级分为三个领域：①公司治理和信息披露等有关经营整体的项目；②设备投资和使用后产品的再利用等关联业务活动；③与地球温室效应防治和化学物质管理等成果相关的环境行为。这三个领域共设定了 127 个评价项目，根据环境报告书披露的信息和舆论调查来进行评价。

这可以理解为在证券投资领域率先将社会屏障筛选方法纳入融资审查。现实中并不是所有的融资都适用这样的社会屏障筛选，希望采用这一制度的企业在申请时要接受这些环境等级评审。由于环境等级的评价内容能够适用于多数企业而具有一般性，理论上来说也可能适用于所有融资时的社会屏障。

在融资时进行环境等级评审，可以使一些和股票、公司债券等资金调配无缘的中小企业也能成为融资对象，这是这一方法的优点。据此也能够促进中坚、中小企业的环境友好经营活动，还可能会发现一些不知名的优秀企业。

11.3.5 日本的 SRI 课题

如上所述，SRI 理念在日本的各个领域得到运用，并渐渐扩展为具体的实践活动。但是，从金融市场整体来看，这些活动的全部资金规模还是很有限的。对此，以联合国为首的各种机构开始探索超越 SRI 框架，将对环境问题、社会问题的关注全部纳入投融资决策中的方法和措施。对与 SRI 相对应的方法的探索和发现，不只是水平问题，而是"在所有资金流动中纳入对环境问题的关注"，这也是日本今后的课题。从这一观点出发，下面将说明联合国在这方面的动向。

11.4　进化中的资本市场

11.4.1　UNEP – FI 与责任投资原则

联合国环境规划署 1992 年发布了"关于环境和可持续发展的银行声明",1995 年公布了"保险业界与环境相关的承诺声明",1997 年将 1992 年的银行声明对象企业扩大到广泛的金融机构,更名为"关于环境和可持续发展的金融机构声明",要求各国金融机构对此签名承诺。由此,所有署名企业作为金融机构网络而达成了联合国金融倡议(UNEP – FI),对与全球气候变化相关的工作俱乐部,开展了多种项目。截至 2011 年,参加 UNEP – FI 的金融机构在全世界已超过 200 家,日本以大型银行、证券公司、保险公司等为中心,已有 19 家企业加入。

前联合国秘书长安南 1999 年公布了全球契约,并要求企业签署承诺。全球契约有关于人权、劳动、环境、腐败防治等 10 项企业原则,纽约的联合国总部还设立了全球契约事务局,将相关活动普及到世界各国。

UNEP – FI 和联合国全球契约组成的共同事务局,与世界大型投资机构合作制定了"责任投资原则"(Principles for Responsible Investment),安南秘书长于 2006 年 4 月在纽约证券交易所公布。所谓责任投资原则,就是要求机构投资者在资金运用中,要充分考虑到企业在环境问题、社会问题、公司治理等方面所采取的方法和措施,其概要如表 11 – 6 所示。在这里,对环境问题和社会问题的关注不再被称为 SRI 的特殊领域的投资活动,而是对一般机构投资者通常的投资行动所提出的要求。

表 11 – 6 联合国责任投资原则（摘要）　　　280

作为机构投资者，我们有责任使投资受益人获得最好的长期收益。在履行受托人职责时，我们相信环境、社会和公司治理（ESG）因素会影响投资组合的回报（影响程度因公司、行业、地区和资产等级以及时期的不同而不同）。我们也认识到，这些原则的应用能够将投资者与更广泛的社会发展相联系。因而，在受托人职责范围内，我们作出如下承诺：
1. 我们将把 ESG 因素引入投资分析和决策过程中。
2. 我们将做一名积极的所有者，将 ESG 因素整合到我们的所有权政策和实践中。
3. 我们会敦促我们所投资的企业适当披露 ESG 信息。
4. 我们将促进本原则在投资领域的认同和应用。
5. 我们将共同努力提高本原则的有效性。
6. 我们将各自报告履行本原则所采取的行动和有关进展。

出处：United Nations，"The Principles for Responsible Investment"，http：//www. un-pri. org/principles/.

该原则公布时，全球有 33 家机构投资者署名承诺，他们拥有的各国年金基金等资产总计为 2 兆美元。其后，签署该原则的企业迅速增加，截至 2011 年 7 月，签署机构投资者已达 920 家，运营的总资产额达到 30 兆美元。签署者中既有年金和保险金机构，也有投资管理机构和其他专业服务合作伙伴（professional service partner），表 11 – 7 列出了主要的签署机构。即使在国外，表中未列出的民间机构也很多，政府投资的基金和公共年金率先签署该原则也是一大特点。与此相对，日本也有若干民间企业年金签署该原则。但是，对国民年金和厚生年金的养老储备金进行管理运营的独立行政法人（GPIF），国家公务员互助协会、地方公务员互助协会等公共年金却没有签署。

表 11 – 7　签署责任投资原则的主要机构投资者（资产拥有者）

281

（海外）	
AP1 – 7（瑞典国民年金）	瑞　典
澳大利亚政府职员年金基金	澳大利亚
CalPERS（加利福尼亚州公务员退休基金）	美　国
CalSTRS（加利福尼亚州教师退休基金）	美　国
泰国政府年金基金	泰　国
南非政府职员年金基金	南　非
新西兰政府年金基金	新西兰
FRR（法国年金准备基金）	法　国
韩国国民年金	韩　国
挪威政府年金基金	挪　威
纽约市职员年金基金	美　国
纽约州年金系统	美　国
（日本）	
龟甲万株式会社企业年金	日　本
富士厚生年金基金	日　本
SECOM 公司企业年金基金	日　本
太阳生命保险	日　本
损保日本	日　本

出处：作者根据 http：//www. unpri. org 数据整理，2011 年。

11.4.2　EU 的动态

2000 年，欧盟在里斯本召开了欧洲理事会，达成并通过了一项关于欧盟十年经济发展的规划，即"里斯本战略"。强调加强社会凝聚力和欧盟一体化，持续保护环境，在今后 10 年中使欧盟成为世界上最有竞争力的经济体。

作为实现里斯本战略的支撑，欧盟要求企业关注 CSR，并于 2001 年发表了《促进 CSR 绿皮书》，表明了欧盟促进 CSR 的方针。为了促进 CSR 而采取的具体方法是资本市场和机构投资者所关心的，也反映了各国的政策水平。

英国 2000 年修改了年金法，将在投资方案中披露关于社会和环境的信息作为运营负责人的义务，它不仅仅是运营的义务，还是必须在投资方案中披露的义务，这也促进了现实中年金基金对社会问题和环境问题的关注和投资方案的形成。此后，德国、法国、比利时、瑞典等国也都制定了相关法规。

2004 年，挪威确定了关于政府年金基金运用的伦理指南，由 5 人组成的伦理委员会根据这一指南对所有企业进行劝告。伦理指南认为，应该以为了下一代发展为出发点，从石油等资源所获得的财富中抽取一定比例设立基金，运用于以满足经济、环境、社会的可持续发展为条件的事项。而且，对于违反基本的人道主义、重大的人权侵害、严重渎职、影响重大的环境事件等非伦理行为，基金将对涉及这些非伦理行为、带来风险的企业进行标记并不予以投资。遵照该指南，伦理委员会针对实际存在的集束炸弹和核武器的生产与开发企业，劝告投资者将其从投资对象中排除，并列出了若干具体的企业。

从资金规模来看，欧洲资本市场中处于核心的年金基金的运营，倾向于对社会问题和环境问题的关注并采取行动。

11.4.3　赤道原则

所谓赤道原则，是指在将项目开发作为投融资对象时，要求投资者充分考虑其对环境和社会影响的原则，它由以民间大型金

283 融机构为中心的世界银行集团的国际金融公司（IFC）合作，于 2003 年制定，于 2006 年改版后公布。日本的瑞穗实业银行、三菱东京 UFJ 银行、三井住友银行等三家银行签署了该原则。该原则相关的项目总额在 1000 万美元以上。这项准则要求金融机构在向一个项目投资时，要对该项目可能对环境和社会造成的影响进行综合评估，并且利用金融杠杆促进该项目在环境保护以及周围社会和谐发展方面发挥积极作用。特别是针对低收入国的项目，应该遵循指南评级，并明确针对相关负面影响的排除、削减、缓解等措施。

这里并没有使用 SRI 一词，但要求银行在其融资行为中，考虑所拥有的资金在使用时对社会和环境所造成的影响，这是与 SRI 的共同点。而且，该原则已为金融机构广泛接受。

11.4.4 碳信息披露项目（CDP）

碳信息披露项目是英国政府支援项目，于 2000 年 12 月启动。CDP 代表投资者致函 2002 年《金融时报》报道的财富 500 强企业，邀请他们参加碳信息披露调查，并送达了最初的调查问卷。其理由是气候变化通过各种因素也会对投资资产的价值产生重大影响，具体的影响要素如税法和规制、气象模式变化、技术革新、消费者态度和需求转移等。也就是说，由环境税和碳排放量交易引起的不仅仅是财务变化，也包括来自消费者评价的企业声誉风险，还有气候变化所引起的结果，即企业将来可能遭遇的风险也被纳入关注的视野，成为需要研究的问题。

例如，2006 年冬天日本北方的暴雪就使得很多企业无法开工
284 作业，经济活动由此停止。2005 年夏天袭击美国南部的飓风"卡特里娜"造成了数千人死亡，给保险公司和旅行社带来了巨额损失。2011 年的泰国大洪水，也迫使在当地的 300 多家日本企业停

工。这种种事件是否是地球温室效应所带来的气候异常？虽然其因果关系的判定还很难，但我们不难想象，如果地球温室效应持续下去，同样的灾害可能将频繁发生。各个企业以利益最大化为目标而懈怠于地球温室效应对策，那么，产生地球温室效应的风险将增大，也会给投资于旅游业的投资者带来利益损失。

在 2011 年的第 9 次调查中，世界 551 家金融机构和机构投资者都赞同此项目。这些金融机构运营的资产总额超过 71 兆美元。调查对象也由最初的 500 家企业扩大到 2011 年的 3000 家企业。问卷的调查项目不仅仅是温室气体排放量，还包括企业对风险的认识和战略等，以及作为投资者想要获得的企业对气候变化风险的认识等信息，该问卷获得了广泛的支持。

11.4.5　日本版"环境金融行动原则"的制定

2009 年日本在中央环境审议委员会设立了"关于环境和金融专门委员会"，2010 年公开发表了报告书。根据该报告书的倡议，金融机构相关者成立了起草委员会，2011 年 10 月"面向可持续发展社会形成的金融行动原则"被采纳。该原则是"基于对地球未来的担忧，为了对可持续发展社会的形成而承担必要的责任和发挥作用，作为金融机构的行动方针而制定的"，7 项原则如表11 - 8 所示。

表 11 - 8　面向可持续发展社会形成的金融行动原则　285

1. 认识到自身应该承担的责任和发挥的作用，从预防的角度，通过各种事业为推进可持续发展社会的形成尽最大努力。
2. 在具有代表性的环保产业，通过提供金融产品、服务开发等，帮助改善"对可持续发展社会形成有所贡献的产业"的发展和竞争力的提高，为可持续发展的国际社会的形成做出贡献。

3. 立足于地区振兴和提高可持续发展可能性的视角，支持提高中小企业对环境的关注、提高市民环境意识、加强灾害防备和社区活动等。

4. 为了可持续发展社会的形成，充分认识到与各种利益相关者结成联盟的重要性，不仅仅自身采取积极行动，还要努力发挥主体作用。

5. 不只局限于遵守环境相关的法规，还要积极致力于资源节约、节能等减轻环境负荷的措施，同时努力带动供应商共同行动。

6. 在充分认识到提高社会可持续发展可能性是企业经营课题的同时，努力披露相关措施信息。

7. 在企业的日常业务中积极实践上述行动，努力提高企业员工关注环境问题和社会问题的意识。

出处："面向可持续发展社会形成的金融行动原则"。

11.4.6　什么是资本市场的进化？

如上所述，在年金基金运营和开发融资中，纳入对环境和社会问题的关注已是一个潮流，特别是有关气候变化风险的投资已引起了投资者的高度重视。可否认为像这样的意识渗透代表了资本市场的进化？而且，这不仅仅限于 SRI。

经济同友会于 2003 年发表了第 15 次白皮书（报告），题目为《"市场进化"和社会责任经营》，提出了"市场进化"一词。该报告认为，市场看待企业时不仅要看到它的"经济性"，还要在其所包含的"社会性"和"人性"方面对其进行评价。单纯的微小生命经过一定阶段向复杂的、多种多样的生命发展的过程被称为生物的"进化"；资本市场从只将利息、股利等财务回报作为286　风险评价基准的单一方法，转向环境、社会等更复杂多样的判断基准，这一机能也可以称为"进化"。

生物如何进化都不会改变生命的本质和生命维持的基本原理。在资本市场中，没有进化就没有改变也成为被关注的核心问题。

最后，我们来讨论对环境和社会的关注与利益的关系。投资本身具有逐利特性，"对环境和社会的关注"和"利益追求"这两个一目了然的不同要求，在逻辑上是如何妥协的？

11.5　环保理念的投资逻辑

至此，本章都在讨论关注环境的投融资在做什么、现在有哪些社会实践。最后，我们想讨论为什么要做此事，其逻辑的变迁如何。关注环境和社会的投资逻辑，如果从其与利益的关系来整理，至少有 4 种不同的看法，我们从第一种开始讨论。

11.5.1　自身伦理观的贯彻：第一代 SRI

投资，通常最先考虑其收益，与此不同的思考方法是在本章开头所提到的初期的 SRI。英国基督教会将制酒业、烟草业从投资对象中排除出去就反映了他们的宗教伦理观。如果饮酒有罪，那么由此获得的利益也是有罪的。他们在投资行动中也表现了与自己的价值观和伦理观的一致性，在投资中他们会考虑这样的问题：只要能赚钱就可以什么都做吗？这就是第一代 SRI。

以这种伦理观为基础的屏障不仅仅限于宗教。例如，挪威伦理委员会就劝告投资者将生产集束炸弹和核武器等违反人道主义的非伦理行为的企业排除在投资对象之外。因此，在提到第一代 SRI 时，没有必要进行严格的年代区分。

11.5.2　投资利益和社会利益双赢：第二代 SRI

1970 年代以后，美国的 SRI 与当时多种社会运动相联系，以社会变革为目标。如果只是贯彻自身的伦理观就不至于要强迫他人，但是在以社会变革为目标的情况下，还有必要鼓励自己所投

287

资的企业的经济行为，这就是第二代 SRI 所主张的。

同时，在这一时期，公务员年金基金和投资信托的 SRI 开始出现，由于金融领域专家的加入，对利益的考量方法也发生了变化。他们指出 SRI 不是牺牲利益，而是在社会屏障筛选和股东行动中实行社会变革，追求与通常投资相同的利益。其口号是"既承担社会责任又追求金钱利益"（Making Money While Being Socially Responsible）。这种分别追求社会性和收益性的双赢就是当时所主张的第二代 SRI。

11.5.3　企业价值的冰山：第三代 SRI

1990 年代，对 SRI 的理解有了很大转变。这一时期，1992 年在巴西召开的全球峰会，将焦点集中于地球环境问题。1996 年关于环境管理体系的国际标准 ISO14001 公布，推进了企业对环境问题的自主行为。其中，对环境问题的关注不再是牺牲利益，而是认识到它对提高资源效率、减少浪费、减少诉讼风险和提高企业

288

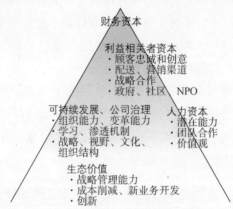

图 11 - 1　InnoVest Group 公司的企业价值冰山

出处：InnoVest Group 公司主页（http：//www.innovestgroup.com/background_ 1.htm，截至本书初版时点）。

形象等的贡献。最初将这种想法纳入投资行为中的是以 UBS 为首的瑞士大型金融机构，他们选取关注环境的企业进行投资，并将该投资信托称为生态效益基金进行公开发售。

现在，像这样思考问题的方法已经在社会问题领域全面扩展，很多企业主张致力于 CSR，从风险管理和企业形象的角度为提高企业价值做出贡献。图 11 – 1 是美国管理咨询公司 InnoVest Group（现已被 MSCI 并购）关于企业价值冰山的图示说明。冰山，露出水面的不过是一小部分，大部分隐藏在水下。同样，在财务报表中表现出来的财务资本只是企业价值的一部分，支撑它的庞大的非财务资本隐藏于水面之下。对 CSR 的关注和投入，在企业形象、顾客忠诚度和战略制定、员工激励、企业创新等各个方面支撑着企业价值。不只看财务价值而着眼于企业价值进行投资被认为是 SRI。

这一主张与前面所说的两种有所不同，也可以称为第三代 SRI。第二代 SRI 以社会性和收益性双赢为目标，而第三代 SRI 则说明了关注社会性会带来收益性的因果关系。对环境问题和社会问题的关注与投资并不与投资利益相冲突，而是为了追求更好的投资利益，这也是理所当然的。这样做应该是与价值观和伦理观无关的所有投资都应有的态度，这也是促使 SRI 主流化的理论之一。

11.5.4　SRI 盈利吗：社会性和收益性

现实中，关注环境和社会问题能提高收益吗？对这一问题的实证很困难。因为环境问题和社会问题的范围很广，考察对象不同，答案也会变化。通常的 SRI 投资信托等不只是运用社会屏障筛选来选择投资对象，同时也要对收益性和成长性等运用财务屏障进行评价、对买卖时机等进行合计，即运用综合手段来考察投资对象。因此，除了社会屏障筛选以外，基金管理能力及其运作水平也会使收益性出现差异。

因此，为了尽可能地避开其所带来的差异，我们来考察 SRI

指数的收益性。日经平均股价和东证股价指数（TOPIX）等的股
290 价指数被称为指数，我们可以其为指标从市场整体的动向对其进
行把握。另外，投资者和运营机构为了评价经营水平也将其作为
标杆采用，因而其本身也具有中立性。与此相对应，人们也通过
社会屏障筛选开发了各种名称的股价指数，这就是 SRI 指数。

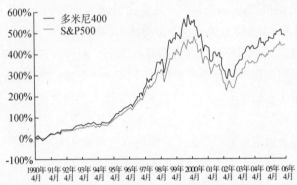

截止到 2006 年 7 月 31 日的利润率（年利润率）

	过去 1 年	过去 3 年	过去 5 年	过去 10 年	1990 年 5 月 1 日以来
多米尼 400	1.67%	8.48%	2.10%	9.15%	11.58%
S&P500	5.38%	10.80%	2.82%	8.89%	10.98%

图 11 - 2　SRI 指数变动与绩效

出处：KLD 公司主页（http://www.kld.com/indexes/ds400index/performance.html，截至本书初版时点）。

图 11 - 2 是世界上最早开发的 SRI 指数"多米尼 400 指数"，与
美国很有代表性的标准普尔 500 指数（S&P500）中的企业绩效进行
比较。多米尼 400 指数对 S&P 指数中的 500 家企业运用社会屏障筛
选，筛选出其中的 250 家企业，为了与 S&P500 业种构成相一致，
291 又增加了 150 家可以在环境层面和社会层面进行评价的企业。这一
指数将广泛的环境问题和社会问题作为筛选屏障，而且尽可能地抑
制单纯的财务判断而以社会屏障筛选的结果为中心选择评价企业，
可以说是表示社会屏障筛选和收益性关系的较为妥当的指标。

图 11－2 所显示的是以 1990 年 4 月作为起点，以一定金额对多米尼 400 和 S&P500 进行各种投资情况下，企业资产价值的变化情况。如果只看此结果，可以看出多米尼 400 的收益性比 S&P500 的收益性高。实际上，将 1990 年至 2006 年的收益换算成年收益率，与 S&P500 的 10.98% 相比较，多米尼 400 的年收益率是 11.58%。但是，在刚刚过去的 5 年（2007～2012）中，S&P500 是 2.82%，而多米尼 400 是 2.10%，出现了逆转，二者的差距有所扩大。也就是说，根据这种指标来进行收益率比较，与所选择的起始点有关系，比较结果不能很确定。

将环境和社会问题作为考察视角而诞生的指数还有 FTSE 公司的 FTSE4"good 系列"（伦敦金融时报 FTSE4"good"系列指数）、MSCI 公司的 MSCI·ESG 指数系列（可持续发展指数）、道琼斯的可持续发展指数系列等，这些公司还提供此外的多种指数。也就是说，人们已经认识到考虑环境和社会问题是一种投资方法，只是还没有专门化。这些指数带给我们的启示是，社会屏障筛选并不必然会阻碍收益性的提高，但也不能说必然对收益性有贡献。换句话说，第二代的逻辑是成立的，但第三代 SRI 的逻辑是否成立并不明确。

11.5.5　重要性的争论

SRI 指数与其由比较广泛的、中立的社会屏障筛选来选择股票，倒不如不选择只对收益性有贡献的项目，这被认为是 CSR 项目中主张的重要性。而涉及环境和社会问题的项目也是多样的，SRI 在指标的调查和社会屏障筛选中，应该将其中对企业价值影响大的作为考察焦点。这里所说的对企业价值的影响大小就是"重要性原则"，人们认为，SRI 调查应该关注那些重要性高的项目。

这一主张，必然会与认为 CSR 和提高企业价值相关联的第三代理论的主张出现争论，如果以 SRI 的主流化为目标是合理的主张的话。但是，如果过分强调这一问题，这种做法本身就是问题。如果这样执行过头，SRI 调查的结果可能会弱化单纯的收益性项目。社会层面和环境层面的评价基准是首要的，但也应该认识到它们对收益是无害的。将收益性目标置于前，以评价对收益的贡献来挑选标准，即使同样称为社会屏障筛选，其含义也是不一样的。

SRI 是一种投资，上面所提到的方法当然是重要的。但是只对此专业化，SRI 本来所具有的轮廓就会丧失，与普通的投资没有什么区别。即使对社会重要，对短期、直接的投资收益贡献小的项目也有可能会从调查对象中被剔除。也许接受投资者的多样价值观的土壤还不够肥沃。这就是在重要性原则中潜在的缺陷。

11.5.6 什么是投资利益：超越 SRI 的第四代

联合国的责任投资原则认为：对环境和社会友好的投资也影响投资绩效。联合国为何要特意提倡这一原则？当然不是为了提高机构投资者的运营业绩，而是与联合国一直追求的"更广泛的社会目标"相关联。欧盟推进 CSR 和 SRI，也是为了"维护社会的凝聚力和一体化而持续保护环境"，实现有竞争力的经济。也就是说，促进对环境和社会友好的投资，是为了建设更好的社会。这对投资者自身来说也是有利的，因为投资者也是生活、居住在同样的社会中。

对于投资来说，有利息和股票分红等直接的金钱利益，但并不仅仅是这些，还有间接的非金钱的利益。比如，生活在环境得到保护、失业有效减少、社会安定的富裕社会中就是非金钱利益。如果将投资利益的概念向后者扩展，对环境和社会友好的投资就是合理的。这一逻辑是第四代 SRI 的逻辑，与把投资利益限定在财务回报的第三代有明显不同。而且，这一逻辑不仅仅限于 SRI 这一特殊的投资领域，而是对所有的投资都成立。

但是，对于间接的利益，自己不努力也能够"搭便车"而获得；如果"搭便车"行为过多，间接的利益就会丧失。正因为如此，联合国和欧盟等公共机构才认为有必要主动采取行动。对环境和社会友好的投资行为，已经不是依赖于每个投资者的自愿，而是应该对所有投资者都有所要求的"社会责任"。

如果要做到这一点，就应该更加推进相关的制度建设。其中，有必要特别明确机构投资者和受托者责任的关系。受托者责任就是"被委托进行资金管理、运营的受托者，不仅仅是制度的参加者，也要为了受益者的利益而行动"的责任。那么，这里提到的对于受益者来说的真正的利益是什么，投资者的社会责任和与受托者的关系的修正等都是今后的课题。

附录　SRI 的调查是否正确？

日本已经将 SRI 商品化，其正在成为一项工作：要对 SRI 进行调查，就要对照社会屏障筛选，评价这个企业是好的、那个企业稍有落后等。社会上有专门的 SRI 调查公司，企业内部也有相关调查。那么，这些调查是否正确，怎样做才更容易让人理解呢？

考察日本实际的 SRI，被选取的对象以大企业居多，即代表日本的大企业。因此，有人认为这样的 SRI 没有意义，有人认为它没有企业个体特征，也有人认为这样的评价当然不令人喜欢，等等。由于代表日本的大企业对 CSR 投入了很大的热情，任何资金选择类似的企业投资不也是理所当然的吗？

非 SRI 的普通投资是什么状况？证券分析人士和基金管理者们每天都在对投资者进行调查、考察、筛选，他们也经常被评价。结果也使人们明白如目前股价是上涨还是下跌，利益回报是好还是不好等严酷的事实。事实上，从第三代 SRI 的逻辑，也可能得出同样的评价结果，因为有"CSR 是对企业价值的贡献"这样的逻辑。也就是说，如果 SRI 的调查是正确的，按照这个逻辑企业就应该是赚钱的。但是，这样的逻辑是有危险的，在得出很清楚的数据后，人们又会很担心数据。由于有 SRI 调查，人们首先是被有利可图所诱惑来进行投资选择。

那么，第四代 SRI 又如何呢？"对环境友好会带来更好的社会"是第四代的逻辑，但要对其结果进行检验也比较困难。如果所有的资金流都向对环境友好的方向流动，那么，世界就一定很好。但是，每项投资判断并不是因为看起来对社会好而进行的。

因此，无论采用哪种逻辑，在 SRI 来看都说明了责任的重要性。对于进行评价的标准和评价过程给予清清楚楚的说明，是得到人们信赖的唯一办法。如果能够做到这样，即使其他的基金也选取同样的大企业进行 SRI 调查，其说服力也是完全不一样的。

思 考 题

1. 为了今后在国内普及 SRI，哪些问题是必须考虑的？请思考 SRI 普及的条件和方法等。

2. 社会屏障筛选和股东主张作为 SRI 的代表性方法，各有哪些优点和不足？对二者进行比较并分别说明其特点。

3. 社会屏障筛选方法正在日本渐渐展开，但股东主张几乎没有开展，这是为什么？请思考其原因并进行陈述。

4. 在国内实施 SRI 时你会用哪些基准进行评价和选择？你所期望的社会标准是什么？

 参考文献

1. 河口真理子：「SRIの新たな展開——マテリアリティと透明性」，載『年金ニュースレター』2005 年 11 月号，大和総研。

2. 河口真理子：「SRIの新たな展開 2——SocialのSからSustainabilityのSへ」，載大和総研，http：//www. dir. co. jp.

3. 谷本寛治編：『SRI 社会的責任投資入門——市場が企業に迫る新たな規律』，日本経済新聞社 2003 年版。

4. 水口剛：『社会的責任投資（SRI）の基礎知識』，日本規格協会 2005 年版。

5. 水口剛：『社会を変わる会計と投資』，岩波書店 2005 年版。

6. 水口剛：『環境と金融・投資の潮流』，中央経済社 2011 年版。

7. 水口剛等：『ソーシャル・インベストメントとは何か——投資と社会の新しい関係』，日本経済評論社 1998 年版。

8. Domini, A. L., *Socially Responsible Investing*：*Making Difference and Making Money*, Dearborn Trade, 2001.（山本利明訳：『社会的責任投資——投資の仕方で社会を変える』，木鐸社 2002 年版）

9. Eurosif, *European SRI Study* 2010, Eurosif, 2010.

10. Social Investment Forum, 2005 *Report on Socially Responsible Investing Trends in the United States*, SIF, 2006.

11. Social Investment Forum, 2010 *Report on Socially Responsible Investing Trends in the United States*, SIF, 2010.

297

第12章 从环境经营到 CSR 经营

要点

在本书的最后一章，我们将学习环境经营的进化形态——CSR 经营。CSR 经营是在应对环境问题中追加社会问题，作为以欧洲为中心的新的企业经营方式，欧洲各国政府在政策中都要求企业实施 CSR 经营。CSR 经营对应的事项很多，识别那些对企业和利益相关者来说都重要的事项是很有必要的。本章将围绕利益相关者互动和其重要性进行讲解，并讨论 CSR 报告书和 CSR 会计的现状与课题。

关键词　社会责任　利益相关者互动　重要性原则　CSR 报告书　CSR 会计

12.1　从环境到社会

环境经营，迄今为止都是将地球环境和地域环境作为主要对象，近年来，员工问题和地域社区等社会课题也得到重视。这反映了企业对社会责任的关注度在世界范围内都正在提高，环境经营正在向 CSR 进化。对应于这种变化，一些企业将公布的环境报

告书更名为 CSR 报告书或可持续发展报告书，报告书中记入的社
会事项也有增加，这已成为一种趋势。

　　环境经营，原本是对企业社会责任中的环境问题的专门化，　298
这种向 CSR 的变化，可以理解为以逐利为主要目的的企业经营向
CSR 领域的充实和转化。环境经营也作为 CSR 经营的中心继续扩
展，各种各样的社会问题都成为企业的经营对象而被企业关注。

　　但是，对于日本企业来说，CSR 不仅仅是新概念，关于怎样
做相对于 CSR 经营才能名副其实也还没有达成充分的合意。因
此，本章将从 CSR 的基本意义进行讨论。

12.2　什么是 CSR?

12.2.1　CSR 的政策背景

　　迄今为止，关于企业社会责任的讨论具有一定的周期性。比
如，1970 年代是企业社会责任的大讨论时期。但是，当时的讨论
因为后来政治、经济大环境的变化而逐渐减弱。

　　相对于此，现在围绕 CSR 的讨论并不是一时的流行，而是要
理解政策依据及其动向就必须首先了解的内容。将 CSR 作为政策
课题推进的是欧盟。欧盟于 2005 年制定了"里斯本战略"，将包
含企业社会责任的内容作为今后欧盟经济、社会计划的一部分。
基于该战略，原来的 EC 委员会和欧洲委员会，致力于与 CSR 有
关的政策性课题研究，并于 2001 年发表了绿皮书，2002 年发表了
白皮书，在对 CSR 相关概念和框架进行整理的同时，也对促进
CSR 的政策基础进行了完善和充实。　　　　　　　　　　　　　299

　　在欧洲，CSR 作为政策性课题出现的背景是：规制缓和对企
业经营活动国际化带来了一些负面影响，为应对这些负面影响，

欧盟推出了一些关于 CSR 的政策性课题。国际化的负面影响主要是随着经济发展差距的扩大，失业问题和环境问题也不断出现，这样的问题历来属于政府部门通过强化规制进行应对的领域。但是，在维护规制缓和这一经济大原则的前提下，如果要处理这些问题，即使是社会问题，促进企业通过自主努力来解决也是很重要的。为此，欧盟提出了 CSR 这一关键性概念。

从欧盟的考虑来看，CSR 不仅仅是由企业判断实施或者不实施，而应该理解为作为社会制约来规制企业的一种手段。这种理解，即使美国和日本也并不充分。同时，因为希望将企业的自主活动范围最大限度地保持，围绕 CSR 的讨论看起来也有些混沌不清。但是，欧盟的出发点是将 CSR 作为社会管理的手段，这对于将现代 CSR 作为基点具有重要意义。

发端于欧洲并得以倡导的 CSR 概念，在国际社会也得以扩展。在前联合国秘书长安南的领导下，联合国提出的全球契约中也纳入了 CSR 内容，包括日本企业在内，签署这一契约的企业在世界范围内都有所增加。ISO 于 2010 年公布的 ISO26000 作为 SR（social responsibility）的标准，不仅仅是企业也是所有社会组织的社会责任。ISO26000 指南中明确指出：该标准并不是像 ISO14001 那样需要第三方认证的标准，而是将社会责任作为核心主题。这对于明确 CSR 的基本领域有着重要意义。

300

12. 2. 2 CSR 的定义

在 EC 委员会 2001 年发表的绿皮书中，关于 CSR 的表述是："企业自主将社会问题及环境问题与业务活动和利益相关者等的相互关系进行统一"。在 CSR 的概念中，将社会问题和环境问题作为中心并与企业的业务活动相关联是很重要的，并且这是企业自主决定的活动。

此后，欧洲委员会在 2011 年对 CSR 进行了再定义，这也反映了 CSR 在欧洲的急速开展。修改后的定义将 CSR 作为企业对社会影响的责任进行了更广泛的扩展，即企业"为了满足社会责任，通过与利益相关者密切合作，将社会、环境、伦理、人权、消费者问题等和企业业务活动的中心战略进行切实整合的过程"。因此，为了追求 CSR，①企业所有者、股东和其他利益相关者及社会全体要实现共享价值最大化；②识别产生负面影响的可能性，对其预防或加以缓解应该成为 CSR 的两个主要目标。比起 2001 年的定义，这一新定义的 CSR 内容更充实，它的重要特征是以股东/所有者价值和其他利益相关者的价值以及共享价值最大化作为目标。

21 世纪初，CSR 出现的背景是在经济全球化进程中如何定义企业的社会责任，并将环境和雇佣作为中心内容。从那时到现在，CSR 的重要内容并没有发生改变。但进入 21 世纪的十年来，世界性金融危机深刻化，特别是欧洲还没有从欧元危机中解脱出来。在应对这些问题时，关于股东/所有者的目的和其他利益相关者的目的之间的共享价值更值得关注。为了追求共享价值，必须要有长期视野，要认识到企业从短期利益出发的逐利行为将损害全球经济，从 CSR 的角度能够看到或能够找到克服这些问题的方法。

12.2.3　日本的动态

日本以各部委和经济团体为中心开展了各种各样的 CSR 活动。但是，日本在这方面还没有发展到像欧盟那样将 CSR 作为政策课题而采取行动，对 CSR 的定义也不如欧盟明确。

2004 年 9 月，日本经济产业省在其发表的《企业社会责任恳谈会·中期报告》中认为："CSR 是在一般性的、经济的层面增加了包含社会和环境层面的行动。从其内容看，比起在最基本层面遵守法律的行动，更强调消费者保护、公正的劳动标准、人权、人才培养、安全卫生、地域和社区贡献等广泛的因素。从企业方面来看，都有与之相对应的业种或业态，因此，企业柔性化地应对这些问题是十分重要的。"这里，没有区分遵守法律和超越法律的活动，经济活动和社会、环境活动的关系也不明确，与欧盟的定义相比内容更广，是一个有一定"暧昧性"的定义。这种倾向，从日本其他方面对 CSR 的定义来看也是存在的，与其称之为定义，不如说是没有给出规范区域的解释。

另一方面，我们又能看到日本在 CSR 的具体活动方面已经有相当的实践活动。比如，日本经团连 2010 年在《企业行动宪章》中将纳入的 CSR 内容进行了修订。2010 年的修订是在 2004 年版的基础上完成的，将开头的文字"企业作为通过公平竞争追求利润的经济体存在的同时，对于广大的社会来说必须还是有用的存在"一段，修改为"企业在承担着通过公平竞争创造附加价值、创造雇佣等经济发展任务的同时，对广大社会来说还必须是有用的存在"。我们应该注意到，其中将"利润"一词改为"附加价值"，将股东最看重的"利润"改为更广泛的利益相关者所认为的"附加价值"，强调了企业目的的社会意义。但是，这种文字上的变更是否对企业实践产生影响，还是需要讨论的课题。

12.3 CSR 的问题领域和经营者的应对

12.3.1 联合国全球契约组织

CSR 意味着增加了企业在社会和环境方面的责任，范围较广。而且，怎样设定其范围，对 CSR 经营来说也是一个关键点。

联合国全球契约是由前联合国秘书长安南在 2000 年倡导制定

的针对企业行动的责任原则，由以下 10 项构成（在 2004 年追加为 10 项）：

（1）企业界应支持并尊重国际公认的人权。

（2）保证不与践踏人权者同流合污。

（3）企业界应支持结社自由及切实承认集体谈判权。

（4）消除一切形式的强迫和强制劳动。

（5）切实废除童工。

（6）消除就业和职业方面的歧视。

（7）企业界应支持采用预防性方法应对环境挑战。

（8）采取主动行动促进在环境方面更负责任的做法。

（9）鼓励开发和推广环境友好型技术。

（10）企业界应努力反对一切形式的腐败，包括敲诈和贿赂。

其中，（1）~（2）与人权相关；（3）~（6）与雇佣劳动相关；（7）~（9）与环境相关；（10）防止腐败原则是在后来追加的，与其他划分稍有不同。一般的划分是将企业的重要社会事项分为人权、劳动和社会三个领域。

12.3.2 以 ISO 为对象的 CSR 领域

在全球契约中规定的 CSR 的企业责任范围，显示了传统的 CSR 领域，但 ISO26000 的范围已经超出了这一规定。其将作为规制对象的社会责任的范围划分为七个领域：①组织整合；②人权；③劳动惯例；④环境；⑤公平的业务惯例；⑥消费者问题；⑦社区参与及社区发展。

这七个领域与全球契约相比，在环境、人权和劳动等传统的三个领域方面是相同的，所追加的是组织整合、公平的业务惯例、消费者问题、社区参与及社区发展等四个方面。

从企业与利益相关者的关系角度来看其内容，在一直以来将雇员和环境作为主要的利益相关者的概念中，将股东、顾客、供应商、当地居民、消费者等都扩展到利益相关者的范围中，可以理解为 CSR 的概念涵义更广泛。而且，这些活动也是企业业务活动的内容。

12.3.3 经营者的应对

对于 CSR 领域的扩展，企业应该怎样应对是一个难题。如果等同于遵守法律，列举各个领域必须遵守的事项，总结其应该遵守的方法并以此来进行管理也是可以的。但是如前所述，CSR 是企业自主的行动，之所以称之为自主活动，即企业要接受来自社会的要求而考虑如何选择，它不是经营者可以随意而为的，而是应该由社会来决定。

CSR 的世界意见领袖 J. 埃尔金顿（J. Elkington）在与笔者的谈话中说道："对于 CSR 来说，如何决定什么是很重要的。"这就暗示了我们所说的关键点。也就是说，CSR 是经营者对社会所需要承担的责任，它没有法律规定来规制，只是由经营者来决定，政府部门也不能对其有要求。因此，将什么作为 CSR 的重要事项，经营者在决定之际，希望有明确的决定过程和程序。

但是，实际上很多企业决定什么是 CSR 的重要事项的过程和程序尚未确立。为了实施 CSR 经营，如果决定什么是 CSR 重要问题的过程和程序没有确立，CSR 的内容就可能由经营者任意决定，那就有可能不是真正的 CSR。因此，关键点是经营者怎样接受作为社会责任对象的利益相关者的意见，其采纳的过程和程序应该公平公正，而且必须透明。

对于企业的 CSR 来说，决定其重要事项的过程和程序，是与利益相关者相关联的方法，被称为利益相关者互动，欧洲对其框架有很好的整顿和完善。下面将对此进行说明。

12.4　利益相关者互动

12.4.1　利益相关者互动和 CSR

CSR 是经营者对社会的责任。社会中拥有与企业有着关联性的各种各样立场的人，这些与企业相关联的人就被称为利益相关者。利益相关者一词一直被使用着，但利益相关者不仅仅是现在和企业有关系的人，也更广泛地包括与企业的将来或许有关系的人。

由于 CSR 是经营者对利益相关者的责任，决定 CSR 目的的过程和程序就应该有利益相关者的积极参与，这样的活动就被称为利益相关者互动。而且，利益相关者互动含有"积极参与"的意思，如果将经营者作为主语，就意味着"让利益相关者积极参与"，如果将利益相关者作为主语，就意味着"积极参与经营活动"。如果从 CSR 经营的立场来看，前者更具有意义；如果从第11 章中所讨论的 SRI 的立场来看，后者更具有意义。

306

12.4.2　利益相关者互动的过程与程序

在 CSR 发展先进的英国，有被称为 AccountAbility 的非营利组织，该组织将利益相关者互动与企业 CSR 相关联，制定了一系列标准，并公布了关于与利益相关者互动的建议标准草案和手册（AccountAbility，2005，2011），提出了利益相关者互动的五个步骤：

第一步：利益相关者互动的战略性考量。

第二步：按时间推移分析和制订利益相关者互动计划。

第三步：强化和维护实施有效的利益相关者互动所必需的能力。

第四步：实施有效的利益相关者互动。

第五步：行动起来，总结参与过程。

这些步骤，实际上展示的是利益相关者互动的 PDCA 循环，在 AccountAbility 的手册中，强调要将利益相关者互动落实到企业管理系统中切实加强实施。

利益相关者互动的方法主要有以下几种：①一对一访谈；②团体访谈；③与重要团体对话；④召开工作会或研讨会；⑤召开公开会议；⑥采用问卷调查、面谈、书信、电话、互联网沟通等。

使用这些方法的内在动力是有效把握利益相关者的意见和建议，并使其在 CSR 中有所反映，以开展有效的利益相关者互动活动。

12. 4. 3　重要性原则

因为利益相关者对象不同，通过各种方法收集到的利益相关者的意见也相当混杂。在这种混沌状态中进行选择时应该遵循重要性原则（materiality）。

Materiality 常被翻译为重要性原则或实质性原则，它意味着利益相关者的意见对决策的实质性影响程度。在 CSR 活动中，要求识别重要性高的问题以便用于决策。

AccountAbility（2005）提出了识别重要性的 5 个标准，以便于进行重要性测试。符合以下五项中的一项，就认为该项目具有重要性：①影响直接的、短期的财务性课题；②决定企业战略方针的课题——主要以利益相关者公约的形式发布；③行业组织认为其对组织来说影响在重要性范围内的课题（行业标准）；④利益相关者用于判断现在或将来应该采取的行动的课题；⑤社会规范要求的课题（规制、由今后可能制定的规制惯例而形成的规范、规格和标准等）。

这 5 项测试说明了企业必须注意的、各利益相关者的重要性。①是股东，②是经营者，③是同行，④是一般利益相关者，⑤是社会。这些测试项目显示了应该考虑的大概内容，其具体内容还要求企业通过利益相关者互动，通过信息收集和分析最终确定。

12.4.4　利益相关者互动的现状

那么，在实践中，利益相关者互动是怎样实施的呢？

例如，本部设在英国的 Vodafone 公司，将投资者、意见领袖、NGO、员工、政府/行政团体、行业团体、顾客等都作为利益相关者互动的对象，以设在世界各地的公司为基地，积极开展利益相关者互动活动（如意识调查、采访、对话等），该企业报告披露了对这些活动导出的重要问题的应对措施。

迄今为止，几乎还没有日本企业开展包括利益相关者互动活动在内的相关活动。但是，邀请外部的关联者、实施利益相关者对话的企业在增加，其成果在企业的 CSR 报告书中介绍得较多。

利益相关者互动的关键点不只是设立倾听意见的场所，而是如何将获得的意见在 CSR 活动中反映出来，如何纳入企业的 CSR 目标和方针，如何对这些活动进行评价等。因此，上述重要性分析是很有必要的。

日本还没有企业的 CSR 事项通过真正的重要性分析而确定的实例，但国外大企业如 BP、福特等公司都进行过上述的重要性分析，并在 CSR 报告书中进行了披露。

309

12.5　CSR 报告书

12.5.1　GRI 指南

如果企业向 CSR 经营进化，报告书也要从环境报告书向 CSR

报告书扩展。对于 CSR 报告书，在第 8 章中介绍过的国际性非营利组织 GRI（Global Reporting Initiative）公布的《可持续发展报告指南》对 CSR 报告书的制作发挥了主导作用。

GRI 指南，以制定环境报告书的国际标准指南为目标，于 2000 年公布。其标题《可持续发展报告指南》已经超越了当时的环境经营的范围。GRI 采用的可持续发展的定义，是 J. 埃尔金顿在 1990 年代后期提出的，以环境、社会和经济三者的协调发展为目标，这就是"三重利益"的概念化。在英语国家中，倾向于将 CSR 与可持续发展理解为同一概念。

GRI 指南于 2000 年发布以来，在 2002 年和 2006 年分别进行了修订，该指南将环境、社会和经济三要素作为中心，作为 CSR 报告书的标准，为日本和全世界的企业采用。

310　**12. 5. 2　利益相关者互动与重要性原则**

2006 年修订的 GRI 指南第 3 版中，利益相关者互动和重要性原则都占有重要的地位。

重要性原则展示了与 GRI 指南报告书内容确定相关联的最初的报告原则。所谓重要性，是组织判断其对经济、环境和社会的影响程度以及对利益相关者决策的影响程度的因素，在重要的课题中应该优先考虑。

关于利益相关者的重要性，GRI 指南开头是这样强调的："在决定报告书内容之际，应该从组织目的和经验以及利益相关者的合理期待和关心两方面来考虑"［GRI（2006）］。有关其方法在与报告书内容确定相关的报告原则——"利益相关者的包含性"原则中作了详细说明。

对此，乍一看也许是理所当然的，但就企业的心理活动来看，与对利益相关者来说的重要事项相比，企业更想披露能给自身带来好处的事项。所以，不确定像财务指标那样的共通性的重要指标对 CSR 报告是非常重要的。

12.5.3 日本企业的 CSR 报告

在日本，从环境报告书向 CSR 报告书转变的企业正在增多，但在环境信息披露和社会信息披露方面，还存在很大的差距。环境信息的披露，借助于 ISO14001 的普及、PDCA 循环而确立的企业很多；以环境目标和实际业绩为中心，对业绩表现数据也进行信息披露的案例并不少。但是，在社会信息披露方面，如员工信息、人权信息、社区信息等的披露，很多时候还停留在对企业所有活动的介绍而没有设定目标，这样的例子也不少。另外，定量信息也不足，主要是定性说明。

在很多日本企业中，CSR 活动中将 PDCA 循环作为管理过程的方法还没有得到确立。欧美企业确立 CSR 管理过程的案例也是少数。虽然我们不能只批评日本企业，但这的确是今后的研究课题。

利益相关者互动和重要性原则，对于日本企业来说也是今后需要研究的课题；将与利益相关者的互动作为"利益相关者对话录"刊登在报告中的日本企业数量正在增加，期待今后也能这样。将利益相关者对话录纳入 CSR 活动中的一环，如果能够成为反映活动声音的机制，就可以认为其发挥着作为利益相关者互动的机能。

关于 CSR 报告书的保证，与披露信息的正确性相比，更重要的是活动内容是否是对利益相关者意见的合适传达，这也是一个重要的验证要点。关于这一点，AccountAbility 的主张如第 8 章所述，将重要性原则作为一个关键概念是 CSR 报告书发布的基本保证。但是，对这一要点的贯彻，也只在一部分日本企业在 CSR 报告书的保证意见中有所体现。

12.6 CSR 会计

12.6.1 CSR 与经济信息

像环境经营中环境和经济的双赢一样，CSR 经营中 CSR 和经济的关系也是很重要的。GRI 的《可持续发展报告指南》中，经济信息与社会信息、环境信息是并列的，是 CSR 报告的三大支柱之一。

但是，相比起围绕环境会计的讨论，关于 CSR 会计的讨论现在并不是一个热点。其很大一个原因是环境会计被定位于环境经营的手段，但 CSR 会计作为促进 CSR 经营的工具还没有得到充分的开发；作为显示 CSR 经营的经济成果的报表，因为与企业经营的根本相关联，也有必要更进一步地展开讨论。但迄今为止，这一讨论并没有多少进展。

即使这样，CSR 会计的概要也在渐渐展现其模样。由英国贸易部资助的为促进可持续发展经营的指南《SIGMA 指南》中的一个工具包就同时包括环境会计和可持续发展会计。日本丽泽大学企业伦理研究中心发布了《CSR 会计指南》，可持续发展交流网络（NSC）也提出了可持续发展会计的算式。

CSR 会计可以分为三类：一是显示企业经济价值分配状况的附加价值报表，二是评价社会活动成本将带来多大程度的企业经营效果的社会活动成本报表，三是评价企业活动的外部性的外部评价报表。

12.6.2 附加价值报表

企业是创造新价值的组织。但是，现在的企业会计系统是为计算股东利益分配而构建的，并不能表明企业怎样对社会中的各个利益相关者进行价值分配。但是，企业创造了什么新价值、如何进行分配等都要求具有公正性。为了价值分配也必须考虑公平性，其本质就是社会行动。企业聚焦于这一方面的会计报表，被称为附加价值报表，它在 CSR 会计体系中占据中心位置。

作为附加价值报表的基本格式，英国 SIGMA 指南所提出的报表对经济的附加价值进行了部分修正，如表 12－1 所示。阅读报表可以明白，附加价值报表是将损益报表和附加价值的计算与分配计算进行了重组。

附加价值报表的构成与损益报表相比比较容易完成，但与损益报表有很大的不同。通常，企业会计中作为成本处理的应该是员工工资、对社区的投资、向公共部门缴纳的税金等。但在附加价值报表中这些不是成本，而是作为价值分配来显示。也就是说，员工工资在损益报表中越少，股东的收益就越大；但在附加价值报表中，给员工的价值分配和给股东应占的比例具有同等的价值。

关于在附加价值的分配内容中应增加哪些要素还没有形成定论，表 12－1 的分配对象中，增加了环境，将环境保护成本作为附加价值的重要分配项目，这有可能与环境省的环境会计指南相整合。

表 12－1　附加价值报表 314

	利益相关者	附加价值	金　额（千美元）
（1）	顾　客	因产品供给而付给企业现金	
（2）	供应商	原材料调配、对提供服务的企业的外部所支付的现金	

	利益相关者	附加价值	金额(千美元)
(3)	企业的附加价值	= (1) - (2)	
(4)	员工	对员工支付的报酬总额	
(5)	社区	企业的社会投资	
(6)	公共部门	基于法律所支付的罚金、税金及补助、奖金	
(7)	投资者	相对应投资所支付的利息和股票分红	
(8)	结余	公司留存金额 = (1-2) - (4+5+6+7)	
(9)	合计	= (4+5+6+7+8)	

出处：SIGMA (2003).

　　附加价值报表在日本企业的 CSR 报告书中能够看到一些，但是，还没有对关于企业价值分配状况的评价。我们期待这样的信息披露能够启发利益相关者的社会责任意识，促进日本的 CSR 活动。

　　已经有一些日本企业开始披露附加价值报告书。如东芝的 CSR 报告书中就以"利益相关者的经济价值分配"为题目，披露了其报表，见表 12 - 2。在东芝的经济价值分配表中，因为没有从销售额中扣除对供应商的支付，因此严格意义上说还不是附加价值报表；但因为 GRI 曾提出过这样的报表，因而东芝的做法也是有依据的。比较表中两年内对社会和环境的分配额，可以看出企业在信息披露方面所下的功夫。

315

表 12 - 2　东芝的经济价值分配表

利益相关者	分配额 （亿日元） 2010 年度	分配额 （亿日元） 2009 年度	金额计算方法
业务对象	61 582	62 644	销售成本、销售费用、一般管理费
员　工	2700	2 574	有价证券报告中所记入的东芝员工总数与平均工资的乘积
股　东	176	57	现金流报表中所支付的股票分红
债权人	323	357	营业外费用所支付的利息
政府、行政	407	297	法人税等
社　会	30	27	对社会贡献支出的单独合计
环　境	504	543	对环境有关贡献支出的单独合计（环境会计中的环境保护费），详见 ht-tp://eco.toshiba.co.jp
企业内部	1 294	▲197	从当期纯利润中扣除股票红利后的金额

注：对社会、环境的分配额，不包含在对业务对象、员工的分配中。

出处：东芝：《CSR 报告 2011》。

12.6.3　社会活动成本报表

社会活动成本报表是表示企业在 CSR 活动上花费了多少费用、取得了怎样的效果的报表。日本环境省的环境会计指南认为社会活动成本报表能够作为展示环境保护成本和环境保护的经济效果的报表之一。

目前，CSR 活动方面的社会活动成本报表还没有标准格式，日本国誉集团将其分为客户、社区、环境保护、企业活动、人权尊重等五个方面，披露了活动成本和活动内容，见表 12 – 3。

316

表 12 –3　国誉集团的 CSR 会计（2010 年度合计结果）

单位：千日元

	客　户	社　区	环境保护	企业活动	人权尊重
国誉的责任	立足于客户需要提供商品和服务	创造富裕的社区	为解决全球环境问题而努力	开展公正的企业活动	在企业活动所涉及的方面尊重人权
活动成本	289 949	18 370	355 263	156 569	88 692
活动成本及其明细	提高客户满意度 260 675 客户进化引导 20 627 管理体制构筑 8 647	社会贡献 2 000 社区活力 7 723 管理体制构筑 8 647	公害防治 65 794 温室效应防治 ▲6 326 资源节约、节能 67 040 环保产品调配、供应 53 319 环境技术调查研究 63 366 环境沟通 16 710 管理体制构筑 90 923 环境损害应对 4 437	合规性维护 17 768 股东对话 77 380 管理体制构筑 61 421	机会均等、人才培育 7 720 劳动安全卫生 63 679 管理体制构筑 17 293

注：根据 2010 年度"环境保护"各科目所包含的活动分类调整，环境处罚对策关联活动均包含在"环保产品调配、供应"中。

出处：国誉集团：《CSR 报告书 2011 详细版》。

社会活动成本报表中，成本的计算比较容易，但效果的计算 317
却比较难。如果有环境活动开展，就要有能够具体测定的经济性
效果的要素。但是，依据社会活动来求出具体的经济效果通常是
困难的。因为这些社会活动不是为了追求短期的回报，而是以长
期效果为目标的活动。

12. 6. 4　外部性评价报表

CSR 是能够看到企业从长期的视角来改善企业对社会影响的
活动。为此，有必要对企业给予社会的影响进行评价。这一评价
方法是极其困难的，《SIGMA 指南》中也没有提出包括社会方面
的报表。但是，关于环境活动方面，倡议用被称为环境外部性评
价报表的方式来进行评价，其雏形如表 12 - 4 所示。

表 12 - 4　SIGMA 环境外部性评价报表 318

若干披露企业的估算合计环境会计（截止于 2003 年 4 月 30 日会计年度）

排放量/影响	排放量（吨）	削减目标可持续发展差距 = A	单位：千吨	
			相关可持续发展目标的实现	
			每单位规避/恢复成本 = B	避税/恢复成本合计 C = A × B
对大气的影响				
直接能源消耗				
天然气消耗量（kWh）				
CO$_2$	X	A	B	
氮化合物、SO$_2$	X	A	B	
合计				C
电力消耗（kWh）				

排放量/影响	排放量（吨）	削减目标可持续发展差距 = A	单位：千吨	
			相关可持续发展目标的实现	
			每单位规避/恢复成本 = B	避税/恢复成本合计 C = A × B
CO_2	X	A	B	
氮化合物、SO_2	X	A	B	
合计（规避成本）				C
生产关联排放量	X	A	B	
	X	A	B	C
运输关联				
公司用车（km）				
CO_2	X	A	B	
氮化合物、烃、颗粒物	X	A	B	
公司用车合计				C
运输/流通企业（km）				
CO_2	X	A	B	
氮化合物、烃、颗粒物	X	A	B	
运输/流通企业合计				C
航空运输里程				
CO_2	X	A	B	
氮化合物	X	A	B	
对土壤的影响				
土壤污染（恢复成本）		X		X

排放量/影响	排放量（吨）	削减目标可持续发展差距 = A	单位：千吨		
			相关可持续发展目标的实现		
			每单位规避/恢复成本 = B	避税/恢复成本合计 C = A × B	
水质污染（由各种设备测算）		X		X	
可持续发展成本合计				X	
财务会计报告中的税后利润				X	
环境可持续发展调整后利润				X	

出处：SIGMA（2003）.

　　SIGMA 的环境外部性评价报表的特点是基于对环境负荷的法律和规制或科学的依据来设定排放的上限，企业的排放量超过上限的值就是可持续发展差距，以此进行量化评价，并从财务利润中将其扣除。即所谓的可持续发展差距意味着企业本来应该削减的环境负荷量，并认为只有这一部分对环境造成损害。

　　将可持续发展差距用金额来评价的方法有两种：使用规避成本（为规避环境负荷发生而产生的成本）的方法和使用损害成本（由于环境负荷而造成的损失）的方法。SIGMA 以便于计算为主，通常采用为规避该环境负荷发生而主要产生的成本。将每单位可持续发展差距的回避成本相乘的乘积，作为可持续发展成本。从理论上讲，企业的可持续发展成本是应该的支出，但由于其没有立刻显现作用，又认为记入财务会计上的利润将被高估，其合计金额调整后的数据（财务会计报告中的税后利润 - 可持续发展成

319

本）作为该报表中底层的"环境可持续发展调整后利润"。

320　　SIGMA 的环境外部性评价报表，采用可持续发展差距的计算方法，在外部性金额评价方面不是使用损害成本而是使用规避成本，这一点也是可以再讨论的。该报表对于将企业的财务利润和外部性相连结具有很大的功效，设定了"环境可持续发展调整后利润"这一下限也是很重要的。

　　这种考虑方法使得应对社会层面的活动成为可能。但现实中，将企业对社会层面的影响通过金额来进行评价，还需要充分的研究，可以利用的换算数据也不充分。

12.7　CSR 经营的未来

　　环境经营开始于 1990 年代，CSR 经营在 2000 年前后作为企业经营的课题出现，二者都是将整备管理体系和报告格式作为经营实践来展开。对于作为经济组织的企业来说，并不认为环境问题、社会问题是企业的中心课题。但只从近 10 年的动向来看，CSR 经营的确正在企业经营内部建立起来。

　　然而，由于 CSR 经营还没有像环境经营那样成系统地进化，如果经营高层的意识有相应进步，也有可能产生好的事例。包括环境经营在内，企业高层经营者的意识对企业的自主行动是极为重要的。

　　但是，从 CSR 发展较好的欧洲的情况来看，建立使高层经营者面向 CSR 层面的关心需要花费更多的精力。对于高层经营者的交替，有必要建立持续地实施 CSR 活动的稳固的管理体系，这也
321　是讨论的中心内容。在以市场机制为中心的世界经济中，强调CSR 的意义并不是相互矛盾的，而是反映了通过 CSR 追求社会规律的社会需求。本章讨论的利益相关者互动、CSR 报告书、CSR

会计等能否作为实现 CSR 的方法，与社会对其需求的愿望有很大关系。

思考题

1. 阅读多篇企业 CSR 报告书或可持续发展报告书，比较不同企业社会性信息的内容。

2. 对于企业而言，CSR 是必要的吗？请梳理关于必要与不必要的意见，并发表自己的看法。

3. 调查附加价值报表、附加价值会计的历史，为现在正在实施的 CSR 会计提出建议。

参考文献

1. 國部克彦：『社会と環境の会計学』，中央経済社 1999 年版。

2. 國部克彦編：『社会環境情報ディスクロージャーの展開』，中央経済社 2012 年版。

3. サステナビリティ、コミュニケーション、ネットワーク：『サステナビリティ報告ガイドライン——SPI 報告解説書』，2009 年。

4. 谷本寛治編：『CSR 経営——企業の社会的責任とステイクホルダー』，中央経済社 2004 年版。

5. 倍和博：『CSR 会計への展望』，森山書店 2008 年版。

6. 向山敦夫：『社会環境会計論——社会と地球環境への会計アプローチ』，白桃書房 2003 年版。

7. 山上達人：『社会関連会計の展開——「営業報告書」の新しい方向』，森山書店 1996 年版。

8. 麗澤大学企業倫理研究センター：『CSR 会計ガイドライン』，載麗澤大学，http://r-bec. reitaku-u. ac. jp/news/doc/2009040218035724_0. pdf，

2007 年。

9. AccountAbility, *The Stakeholder Engagement Manual*, Vol. 1 and 2, AccountAbility, 2005. [新日本監査法人訳: 『ステークホルダーエンゲージメント・マニュアル』(第 2 巻), 新日本監査法人]

10. AccountAbility, *Stakeholder Engagement Standard* (Exposure Draft), AccountAbility, 2011.

11. Commission of the European Communities, *GREEM PAPER Promoting a European Framework for Corporate Social Responsibility*, COM (2001) 366.

12. European Commission, *A Rewed EU Strategy* 2011 – 14 *for Corporate Social Responsibility*, COM (2011) 681.

13. GRI, *Sustainable Reporting Guidelines* 2006, http: //www. global reporting. org/, 2006.

14. SIGMA, *The SIGMA Guidelines-Toolkit*, SIGMA, 2003.

当今，环境问题已成为制约我国经济可持续发展的瓶颈，频繁出现的雾霾也使每个人都深切感受到环境问题的严重性。

20 世纪 60 ~ 70 年代，日本的环境状况与我国目前极为相似。但经过几十年的努力，日本的环境状况已得到彻底改善，其巨大的改变和良好的环境质量为世人称道。在这一过程中，日本政府、企业界和理论界对环境经营的积极推进，功不可没。

2011 年，译者在国内翻译出版了日本关于环境经营研究的专著《环境经营分析》，该书主要从经济学、管理学的视角，结合具体案例研究了企业的环境经营战略对企业竞争力、企业创新、企业可持续发展等的影响。

《环境经营会计》一书，则通过会计系统将企业的环境经营与经济性、市场机制联系起来，探讨如何使环境经营绩效数字化、货币化，如何使之与企业的短期、长期利益相联系的各种具体方法。内容既基础又前沿，具有国际化视野。其目的是使更多的企业认识和理解环境经营与企业经济利益、社会利益的关联性及关联方式。这，也是《环境经营分析》内容的延伸。

早在 2012 年，十八大报告中就已明确提出坚持节约资源和保护环境的基本国策，形成节约资源和保护环境的空间格局、产业结构、生产方式、生活方式。面对国家发展战略的重大变化，我国企业在现在和未来的发展中都不得不考虑自然资源和环境约束，不得不考虑企业活动对环境可能产生的影响以及环境保护等政策可能对企业经营活动带来的冲击。这，也是将环境经营视为企业战略内容之一的重要原因。同时，中国企业在国际化过程中也必须顺应环境信息披露等国际大趋势。

面对由环境问题所带来的一系列全新课题，企业应该如何应对？《环境经营分析》和《环境经营会计》恰恰讨论了环境经营中的"why"、"what"和"how"等核心问题，在理论阐述、实施方法和运用案例等方面都有较充分的解说。具体包括企业为什么要实施环境经营战略，企业如何根据自身特点制定环境经营战略及运营方针，以及如何评价环境经营实施所带来的环境绩效与经济绩效等。译者希望这两本书能够构成关于环境经营研究和实践的系列书籍，能为相关人才的培养、为政府制定相关的政策及企业的实施环境经营实践提供帮助。

许多人为本书的翻译出版付出了心血，在此一并表示感谢。

感谢王立彦教授特意为本书作序，感谢王燕祥教授、余宇莹博士在本书翻译过程中给予的宝贵指导。

感谢中国政法大学商学院为本书提供出版资助。

感谢中国政法大学出版社彭江、李嫱等为本书出版所做的大量工作。

感谢阅读此书的人们，相信它会对您有所裨益。

由于译者水平有限，中文译本中难免有疏漏和不足之处，敬请各位指正！

译　者

2014 年 5 月 30 日

图书在版编目（ＣＩＰ）数据

环境经营会计/（日）国部克彦，（日）伊坪德宏，（日）水口刚著；葛建华，吴绮译. —北京：中国政法大学出版社，2014.8
　ISBN 978-7-5620-5433-7

　Ⅰ.①环… Ⅱ.①国… ②伊… ③水… ④葛… ⑤吴… Ⅲ.①环境会计
Ⅳ.①X196

中国版本图书馆CIP数据核字(2014)第152807号

出 版 者　中国政法大学出版社

地　　址　北京市海淀区西土城路25号

邮寄地址　北京 100088 信箱 8034 分箱　邮编 100088

网　　址　http://www.cuplpress.com（网络实名：中国政法大学出版社）

电　　话　010-58908289(编辑部)　58908334(邮购部)

承　　印　固安华明印业有限公司

开　　本　880mm×1230mm　1/32

印　　张　10

字　　数　240千字

版　　次　2014年8月第1版

印　　次　2014年8月第1次印刷

定　　价　36.00元